普 通 高 等 教 育 教 材

土壤污染与防治

张景环　王　磊　王艳龙　暴勇超　主编
胡术刚　主审

化学工业出版社
·北京·

内容简介

土壤是生命之基、万物之母。土壤与空气、水一样，是构成生态系统的基本要素，是人类赖以生存的物质基础，也是经济社会发展不可或缺的宝贵自然资源。本书主要针对土壤污染问题，制定相应的防治对策，用于保护土壤环境。本书的主要内容包括土壤污染概述、肥料和固体废物等污染物对土壤的污染与防治对策、工矿区污染土壤的合理利用和复垦、污染土壤修复技术、土壤生态恢复工程，以及智能化土壤污染治理与修复。

本书可以作为高等院校教材，适用于环境科学与工程、农业资源与环境等本科专业课程，兼顾硕士研究生选修课程需求。

图书在版编目（CIP）数据

土壤污染与防治 / 张景环等主编. -- 北京 : 化学工业出版社, 2025. 11. --（普通高等教育教材）.
ISBN 978-7-122-49343-9

Ⅰ. X53

中国国家版本馆 CIP 数据核字第 2025Y7S833 号

责任编辑：满悦芝　　文字编辑：郭丽芹
责任校对：田睿涵　　装帧设计：张　辉

出版发行：化学工业出版社
（北京市东城区青年湖南街 13 号　邮政编码 100011）
印　　装：涿州市般润文化传播有限公司
787mm×1092mm　1/16　印张 9¾　字数 226 千字
2025 年 11 月北京第 1 版第 1 次印刷

购书咨询：010-64518888　　售后服务：010-64518899
网　　址：http://www.cip.com.cn
凡购买本书，如有缺损质量问题，本社销售中心负责调换。

定　　价：38.00 元

前言

土壤是重要的自然资源，是农业发展的物质基础。“民以食为天，食以土为本”道出了土壤对国民经济的重要作用。由于人口不断增加，人类对食物的需求量越来越大，土壤在人类生活中的作用也越来越大。但随着城乡工业不断发展壮大，“三废”污染越来越严重，并由城市不断向农村蔓延，加之化肥、农药、农膜等物质大量使用，土壤污染形势日益严峻。防治土壤污染已成为当前环境工程和土壤科学共同面临且亟待解决的重要任务。

本书参阅了大量教材、专著和其他文献，力求反映国内外土壤污染与防治的理论、方法、科学研究的新成果，在内容安排上既注重基础理论，又努力反映学科发展的前沿动态。全书共7章，简要阐述了土壤的组成和性质、土地资源和能源的不合理开发利用、工业“三废”的超标排放导致的土壤污染与恶化，同时介绍了肥料、固体废物对土壤的污染和修复技术，以及土壤退化和土壤生态恢复工程。本书力求反映当前土壤污染的实际情况，但土壤污染影响范围极广，它不仅与农、林、牧、园艺、水产养殖等产业紧密相关，也备受保健、卫生、医疗、食品、加工等行业的关注，相关研究正在大力开展。

结合专业与课程建设的发展，本书凸显实用性与新颖性，内容包括大量土壤保护基础知识，可以让读者学习最新的土壤污染与保护知识，实现学以致用。根据我国土壤污染的现状和前景，本书内容所涉及的范围可以基本满足高等院校环境科学与工程和土壤类专业学生扩大知识面、提高专业技能的需求，还可以作为有关生产单位和科研单位的参考用书。

本书共7章，由张景环、王磊、王艳龙、暴勇超主编。其中，第1章由张景环、王磊、暴勇超编写；第2章、第3章和第4章由王艳龙编写；第5章由王艳龙、张景环、胡术刚、顾元香编写；第6章和第7章由张景环、王磊、暴勇超编写。全书由张景环和王磊统稿，由胡术刚担任主审。由于水平有限，教材涉及内容较广，难免出现疏漏，希望广大读者不吝指正，使本书在使用过程中进一步改进和完善。

本书得到青岛科技大学环境与安全工程学院的资助。

编者

2025年7月

目录

第 1 章　土壤污染概述　1

1.1　土壤的组成和性质 …… 1

1.1.1　土壤的组成 …… 1

1.1.2　土壤的性质 …… 2

1.2　土壤污染 …… 6

1.2.1　土壤背景值 …… 7

1.2.2　土壤的自净作用 …… 7

1.2.3　土壤环境容量 …… 8

1.2.4　土壤污染的概念 …… 9

1.3　土壤污染物的来源及危害 …… 10

1.3.1　无机污染物 …… 10

1.3.2　有机污染物 …… 13

1.3.3　固体废物 …… 15

1.4　土壤组成和性质对污染物毒性的影响 …… 15

1.4.1　土壤组成对污染物毒性的影响 …… 15

1.4.2　土壤酸碱性对污染物毒性的影响 …… 16

1.4.3　土壤氧化还原电位（Eh）对污染物毒性的影响 …… 16

1.5　土壤污染的防治 …… 17

1.5.1　提高对保护土壤资源重要性的认识 …… 17

1.5.2　土壤污染的防治措施 …… 17

参考文献 …… 18

第 2 章　肥料对土壤的污染与防治　21

2.1　我国肥料利用情况 …… 21

2.1.1　化肥使用现状 …… 21

2.1.2　有机肥推广进展 …… 22

2.2　肥料污染对土壤环境的危害 …… 22

2.2.1　化学肥料污染的土壤危害 …… 23

2.2.2 有机肥污染的潜在风险 …… 24
2.3 肥料污染的防治技术 …… 27
2.3.1 源头减量技术 …… 27
2.3.2 过程控制技术 …… 29
2.3.3 末端修复技术 …… 30
2.3.4 工程与生态协同技术 …… 33
参考文献 …… 34

第3章 固体废物对土壤的污染与防治 36

3.1 固体废物概述 …… 36
3.2 城市生活垃圾对土壤环境的影响 …… 37
3.2.1 主要污染物类型及迁移途径 …… 38
3.2.2 土壤功能退化过程 …… 41
3.2.3 典型影响场景分析 …… 44
3.3 污泥对土壤环境的影响 …… 47
3.3.1 城市生活污泥对环境的影响 …… 48
3.3.2 石油污泥对环境的影响 …… 50
3.3.3 制药污泥对环境的影响 …… 51
3.4 固废源土壤污染的防治技术 …… 51
参考文献 …… 53

第4章 工矿区污染土壤的合理利用和复垦 55

4.1 工矿区土壤污染的状况 …… 55
4.2 工矿区土壤污染的控制与修复 …… 56
4.2.1 露天采矿场采空区生态环境恢复与重建 …… 57
4.2.2 露天采矿场边坡的生态环境恢复与重建 …… 62
4.2.3 排土场生态环境恢复与重建 …… 63
4.2.4 尾矿场的生态环境恢复与重建 …… 66
4.2.5 矸石山生态环境恢复与重建 …… 67
4.3 工矿区污染土壤的利用方法 …… 70
4.3.1 按照工程阶段和顺序划分的技术 …… 71
4.3.2 按照工程方法和措施划分的技术 …… 71
4.3.3 按照利用对象和土地破坏类型划分的技术 …… 73
参考文献 …… 73

第5章　污染土壤修复技术　75

5.1　污染土壤修复技术分类 …… 75

5.1.1　物理修复技术 …… 76

5.1.2　化学修复技术 …… 76

5.1.3　生物修复技术 …… 77

5.2　污染土壤修复技术分述 …… 78

5.2.1　物理修复技术 …… 78

5.2.2　化学修复技术 …… 83

5.2.3　生物修复技术 …… 86

5.3　污染土壤修复技术选择的原则 …… 89

5.3.1　行业典型场地修复与再利用 …… 90

5.3.2　强化修复与风险管控相结合 …… 91

5.3.3　区域多介质环境协同修复 …… 92

参考文献 …… 93

第6章　土壤生态恢复工程　95

6.1　土壤的形成 …… 95

6.1.1　土壤的形成因素 …… 95

6.1.2　土壤形成过程 …… 97

6.1.3　土壤剖面 …… 98

6.2　土壤退化和土壤质量 …… 98

6.2.1　土壤退化的概念 …… 98

6.2.2　土壤退化的主要类型及其防治 …… 99

6.2.3　土壤质量及评价 …… 101

6.3　土壤生态恢复 …… 101

6.3.1　概述 …… 101

6.3.2　矿区废弃地的生态恢复 …… 102

6.3.3　沙漠化土地生态恢复 …… 106

6.3.4　水土保持生态恢复 …… 109

6.3.5　湿地的生态恢复 …… 112

参考文献 …… 119

第 7 章　智能化土壤污染治理与修复　121

7.1　土壤修复概述　121
7.1.1　土壤修复的意义与重要性　121
7.1.2　土壤修复技术的发展趋势　121
7.2　土壤污染现状与评估　122
7.2.1　土壤污染类型及来源　122
7.2.2　土壤污染程度评估方法与指标　122
7.2.3　土壤修复目标与标准　123
7.2.4　智能化土壤污染评估技术的应用　123
7.2.5　智能化土壤污染评估软件的选择　124
7.3　智能化土壤监测技术　124
7.3.1　土壤污染监测技术的现状　124
7.3.2　智能化土壤污染监测技术的应用　124
7.3.3　智能化土壤污染监测设备的选择　125
7.3.4　土壤成分检测技术　125
7.3.5　土壤污染程度检测技术　125
7.3.6　土壤修复效果检测技术　125
7.3.7　土壤特性分析技术　126
7.3.8　环境因素监测与调控　127
7.4　智能化土壤污染修复技术　128
7.4.1　土壤污染修复技术的分类　128
7.4.2　智能化土壤污染治理与修复的定义　129
7.4.3　智能化土壤污染治理与修复的技术原理　129
7.4.4　智能化土壤污染治理与修复的优势　129
7.4.5　智能化土壤污染修复技术的应用　130
7.4.6　智能化土壤修复设备的操作与维护　130
7.5　智能化土壤改良技术　130
7.5.1　土壤施肥智能化技术　130
7.5.2　土壤调理剂智能化应用　132
7.5.3　土壤改良效果监测与调控　132
7.5.4　智能化灌溉技术　133
7.6　智能化病虫害监测与防治　133
7.6.1　病虫害监测技术　133

7.6.2 病虫害防治策略 …… 134
7.6.3 防治设备选型与应用 …… 134
7.7 智能化土壤修复设备 …… 135
7.7.1 土壤修复设备的智能化改造 …… 135
7.7.2 智能化土壤修复设备的应用案例 …… 135
7.7.3 智能化土壤修复设备的维护与管理 …… 136
7.8 智能化土壤污染修复案例分析 …… 136
7.8.1 案例一：某工业污染场地智能化修复 …… 136
7.8.2 案例二：某农业污染土壤智能化治理 …… 136
7.8.3 案例三：某城市棕色地块智能化修复 …… 137
7.9 农业废弃物资源化利用 …… 137
7.9.1 农业废弃物种类与处理方法 …… 137
7.9.2 农业废弃物资源化利用技术 …… 138
7.9.3 农业废弃物资源化利用案例分析 …… 138
7.10 智能化农业种植模式 …… 139
7.10.1 智能化种植模式的设计与实施 …… 139
7.10.2 智能化种植模式在土壤修复中的应用 …… 139
7.10.3 智能化种植模式的效益分析 …… 139
7.11 智能化土壤修复政策与法规 …… 140
7.11.1 国内外土壤修复政策与法规概述 …… 140
7.11.2 智能化土壤修复政策与法规建议 …… 140
7.11.3 智能化土壤修复政策与法规实施策略 …… 141
7.11.4 智能化土壤污染修复政策法规的实践应用 …… 141
7.11.5 智能化土壤污染修复政策法规的发展趋势 …… 141
7.12 智能化土壤污染治理与修复市场分析 …… 142
7.12.1 智能化土壤污染治理与修复市场的现状 …… 142
7.12.2 智能化土壤污染治理与修复市场的需求分析 …… 142
7.12.3 智能化土壤污染治理与修复市场的发展前景 …… 142
7.13 智能化土壤修复发展趋势与展望 …… 143
7.13.1 智能化土壤污染修复技术的发展趋势 …… 143
7.13.2 智能化土壤污染修复行业的机遇与挑战 …… 143
7.13.3 面向未来的智能化土壤污染治理与修复战略 …… 143
7.13.4 智能化土壤修复在农业可持续发展中的作用与意义 …… 144
参考文献 …… 144

第 1 章 土壤污染概述

1.1 土壤的组成和性质

1.1.1 土壤的组成

土壤是由固、液、气三相物质构成的复杂的多相体系。土壤固相包括矿物质、有机质和土壤生物。在固相物质之间为形状和大小不同的孔隙，孔隙中存在水分和空气。土壤以固相为主，三相共存。三相物质的相对含量因土壤种类和环境条件而异。土壤组分的比例（体积分数）为：矿物质约 45%，有机质约 5%，水分 20%～30%，空气 20%～30%。

1.1.1.1 土壤矿物质

矿物质是土壤最基本的组分，其质量占土壤固体物质总质量的 90%以上。矿物质通常是指天然元素或经无机过程形成并具有结晶结构的化合物。地球上大多数土壤矿物质都来自各种岩石，这些矿物经物理和化学风化作用从母岩中释放出来，就成为土壤矿物质和植物养分的主要来源。土壤矿物质按其成因可分为原生矿物和次生矿物两类。

（1）原生矿物

指在物理风化过程中产生的未改变化学成分和结晶构造的造岩矿物，如石英、云母、长石等，属于土壤矿物质的粗质部分，形成砂粒（直径在 2.00～0.05mm 之间）和粉砂（直径在 0.05～0.002mm 之间）。原生矿物主要有四类：①硅酸盐类矿物；②氧化物类矿物；③硫化物类矿物；④磷酸盐类矿物。

（2）次生矿物

指原生矿物经化学风化后形成的新矿物，其化学成分和晶体结构均有所改变。次生矿物包括：①简单盐类；②三氧化物；③次生铝硅酸盐。其中，三氧化物和次生铝硅酸盐是土壤矿物质中最细小的部分，常称为黏土矿物，如高岭石、蒙脱石、伊利石、绿泥石、褐铁矿和三水铝土矿等，它们形成的黏粒（直径小于 0.002mm）具有吸附、保存呈离子态养分的能力，使土壤具有一定的保肥性。

1.1.1.2 土壤有机质

土壤有机质是土壤中含碳有机化合物的总称。有机质按质量计算只占土壤固体总质量的 5%左右。土壤有机质主要可以分为两类：原始组织及其部分分解的有机质和腐殖质。原始组织包括高等植物未分解的根、茎、叶，动物分解原始植物组织后向土壤提供的排泄物和死亡之后的尸体等。这些物质被各种类型的土壤微生物分解转化，形成土壤物质的一部分。因此，土壤植物和动物不仅是各种土壤微生物营养的最初来源，也是土壤有机质的最初来源。这类有机质主要累积于土壤的表层，约占土壤有机质总量的10%～15%。有机物质经由微生物合成的新化合物，或者由原始植物组织变化而成的比较稳定的分解产物便是腐殖质（humus），约占土壤有机质总量的85%～90%。腐殖质是一种由复杂化合物组成的混合物，通常呈黑色或棕色、胶体状，它具有比土壤无机组成中的黏粒更强的吸持水分和养分离子的能力，因此，少量的腐殖质就能显著提高土壤的生产力。

1.1.1.3 土壤生物

土壤中栖息着从微小的单细胞有机体到大型掘土动物的各类生物，这印证了土壤是一种具有活性的物质。例如，在每立方厘米耕层中细菌的数量可达10^9个以上，而在每立方厘米的森林土壤中，螨虫的数量亦可达到10^4个。

土壤中的生物群可以分为土壤微生物区系、土壤植物区系和土壤动物区系。土壤微生物区系包括细菌、放线菌、真菌、藻类等；土壤植物区系主要指生活于土壤中的高等植物器官（根系）等；土壤动物区系包括至少有部分生活史是在土壤中度过的所有动物，其种类繁多。

土壤生物既是土壤有机质的重要来源，又主导着土壤有机质转化的基本过程。土壤生物对进入土壤中的有机污染物的降解以及无机污染物的形态转化起着重要作用，是土壤净化功能的主要贡献者。

1.1.1.4 土壤水分

大气降水渗入土壤内部，充填土壤中的孔隙，形成土壤中的水分。根据水分在土壤中的存在方式，通常可分为吸湿水、毛管水和重力水。存在于土壤颗粒表面的水膜称为吸湿水。当膜状的吸湿水充满土壤毛细孔隙后，靠毛管力而保持的土壤水分称为毛管水。经过长期降水或灌溉之后，土壤内部孔隙几乎全部被水分占据，达到饱和状态，使存在于大孔隙中的水因重力作用而下移，进入地下水潜水层。这种水分只能暂时保持在土壤中，一旦外来水源中断，则很快流失，称为重力水。

1.1.1.5 土壤空气

土壤空气来源于大气，存在于未被水分占据的孔隙中，但其性质与大气圈中的空气明显不同。①土壤空气是不连续的。由于不易交换，局部孔隙之间的空气组成往往不同。②土壤空气的相对湿度一般高于大气。在土壤含水量适宜时，土壤空气的相对湿度接近100%。③土壤空气中CO_2含量明显高于大气，可以达到大气中浓度的几倍到上百倍，O_2的含量略低于大气，N_2的含量则与大气相当。这是植物根系的呼吸作用和土壤微生物对有机残体的好氧分解，消耗了土壤孔隙中的O_2，同时产生大量CO_2的缘故。

1.1.2 土壤的性质

1.1.2.1 土壤的物理性质

土壤的物理性质在很大程度上决定着土壤的其他性质，例如土壤养分的保持能力、土壤生物的数量等。因此，物理性质是土壤最基本的性质，它包括土壤的质地、结构、密度、容重、孔隙度、颜色、温度等。本节择其主要性质予以介绍。

（1）土壤质地

质地表示土壤颗粒的粗细程度，即砂、粉砂和黏粒的相对比例。植物生长中的许多物理、化学反应都受到土壤质地的制约，这是因为其决定着这些反应得以进行的表面积的大小。按照土壤颗粒的大小，可以划分出不同的土壤粒级，表1-1列出了美国制和国际制土壤粒级的划分标准及各粒级的相关性质。

表 1-1　土壤的粒级和性质

粒级	美国制直径/mm	国际制直径/mm	颗粒数/(个/g)	比表面积/(cm^2/g)
极粗砂	2.00～1.00		90	11
粗砂	1.00～0.50	2.00～0.20	720	23
中砂	0.50～0.25		5700	45
细砂	025～0.10	0.20～0.02	46000	91
极细砂	0.10～0.05		722000	227
粉砂	0.05～0.002	0.02～0.002	5776000	454
黏粒	<0.002	<0.002	90260853000	8000000

根据砂、粉砂和黏粒在土壤中按不同比例的组合情况，便可以进行土壤质地的分类。图 1-1 中给出了黏土、壤土、粉砂土和砂土 4 种基本土壤类型和其余 8 种不同土壤类别的粒级比例。例如，*A* 点代表一个土壤样本含有 15%的黏粒、65%的砂和 20%的粉砂，其质地类别名称是砂质壤土；*B* 点代表一个含有等量的砂、粉砂和黏粒的土壤样本，其质地类别名称是黏壤土。实际上不同土壤的质地是渐变的。

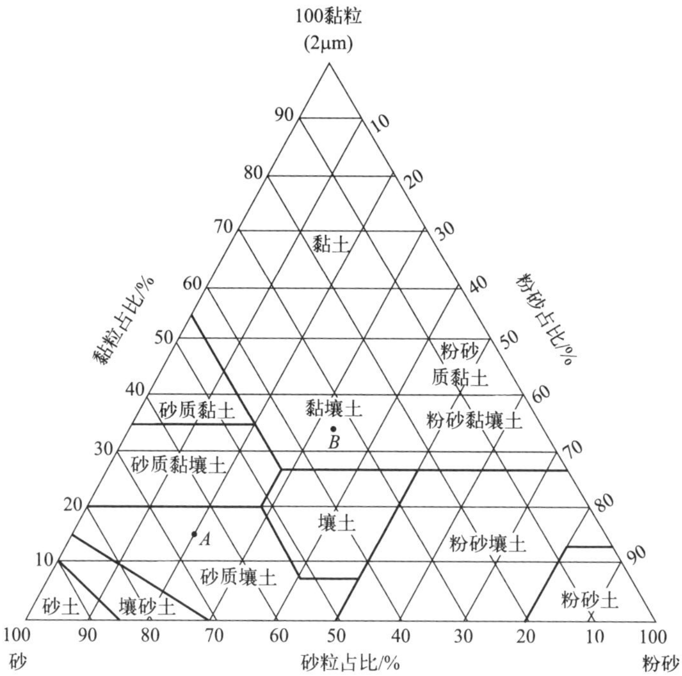

图 1-1　土壤质地三角形

(2) 土壤结构

土壤结构就是指土壤颗粒（砂、粉砂和黏粒）相互胶结在一起而形成的团聚体，也称土壤自然结构体。团聚体内部胶结较强，而团聚体之间则沿胶结薄弱面相互分开。土壤结构是土壤形成过程中产生的新性质，不同的土壤和同一土壤的不同土层中，土壤结构往往各不相同。土壤团聚体按形态分为球状、板状、块状和棱柱状 4 种（表 1-2）。

由于多数土壤团聚体的体积较单个土粒大，所以它们之间的孔隙往往也比砂、粉砂和黏粒之间的孔隙大得多，从而可以促进空气和水分的运动，并为植物根系的伸展提供空间，为土壤动物的活动提供通道。由此可见，土壤结构的重要性在于它能够改变土壤的质地。在各种土壤结构中，球状团粒结构对土壤肥力的形成具有最重要的意义。

表 1-2　土壤团聚体形态和所处位置

团聚体名称	球状	板状	块状	棱柱状
团聚体形态				
通常所处的土层	A层	E层	B层	B层

(3) 土壤孔隙

土壤孔隙度是指单位体积土壤中孔隙所占的比例。土壤质地和土壤结构对土壤孔隙、土壤容重有很大影响。当容重增加时，孔隙的体积便减小；反之，孔隙的体积则增大。就表土来说，砂质土壤的孔隙度一般为35%～50%，壤土和黏土则为40%～60%，有机质含量高且团粒结构好的土壤的孔隙度甚至可以高于60%。但紧实的淀积层的孔隙度可低至25%～30%。

土壤孔隙的大小不同，粗大的土壤颗粒之间形成大孔隙（孔径大于0.1mm），细小的土壤颗粒如黏粒之间则形成小孔隙（孔径小于0.1mm）。一般来说，砂土的容重大，总孔隙度较小，但大部分是大孔隙，由于大孔隙易于通风透水，所以砂质土的保水性差。与此相反，黏土的容重小，总孔隙度较大，且大部分是小孔隙，由于小孔隙中空气流动不畅，水分运动主要为缓慢的毛管运动，所以黏土的保水性好。由此可见，土壤孔隙的大小和数量都很重要。

(4) 土壤温度

温度既是土壤肥力的影响因素之一，也是土壤的重要物理性质，直接影响土壤中动物、植物和微生物的活动，以及黏土矿物形成的化学过程的强度等。例如，在0℃以下，几乎没有生物活动，影响矿物质和有机质分解与合成的生物、化学过程是很微弱的；在0～5℃之间，大多数植物的根系不能生长，种子难以发芽。

土壤的温度受土壤质地、孔隙度和含水量的影响，主要表现为不同土壤的比热容和导热率的差异。

土壤比热容指单位质量（g）土壤的温度增减1K所吸收或放出的热量[J/(g·K)]，它仅相当于水的比热容的1/5。因此，水分含量高的土壤在春季升温慢，在秋季降温也慢；相反，水分含量少的土壤在春季升温快，在秋季降温也快。此外，不同质地和孔隙度的土壤，其比热容也不同，砂土的孔隙度小，比热容亦小，土温易于升高和降低，黏土则相反。

土壤导热率指单位截面（$1cm^2$）、单位距离（1cm）、温度差1K条件下，单位时间内传导的热量，单位是J/(cm·s·K)。土壤三相组成中以固体的导热率最大，其次是土壤水分，土壤空气的导热率最小。因此，土壤颗粒愈大，孔隙度愈小，则导热率愈大；反之，土壤颗粒愈小，孔隙度愈大，则导热率愈小。例如，砂土的导热率比黏土大，其升温和降温都比黏土迅速。

1.1.2.2　土壤的化学性质

存在于土壤孔隙中的水通常是土壤溶液，它是土壤中化学反应的介质。土壤溶液中的胶体颗粒具有离子吸收和保存的作用；土壤溶液的酸碱度影响着离子的交换和养分的有效性；土壤溶液的氧化还原反应影响着有机质分解和养分有效性的程度。因此，土壤化学性质主要表现在土壤胶体性质、土壤酸碱度和氧化还原反应三个方面，下面分别予以介绍。

（1）土壤胶体性质

如前所述，次生黏土矿物和腐殖质是土壤中最为活跃的成分，它们呈胶体状态，具有吸收和保存各种外来养分的性能，是土壤肥力形成的主要物质基础。

胶体一般是指物质颗粒直径在1～100nm之间的物质分散系。土壤胶体（soil colloid）颗粒的直径通常小于1μm，它是一种液-固体系，即分散相为固体，分散介质为液体。根据组成胶粒物质的不同，土壤胶体可分为有机胶体（如腐殖质）、无机胶体（黏土矿物）和有机-无机复合胶体三类。由于土壤中腐殖质很少呈自由状态，常与各种次生矿物紧密结合在一起形成复合体，所以，有机-无机复合胶体是土壤胶体存在的主要形式。

胶体颗粒的体积很小，但是胶体物质的体积比表面积（单位体积物质的表面积）非常大。土壤中胶体物质含量越多，其所包含的面积也就越大。据估算，在10^4m^2的土地面积上，如果20cm深的土层内含直径为1μm的黏粒10%，则黏粒的总面积将超过$7\times10^8m^2$。根据物理学的原理，一定体积的物质的体积比表面积越大，其表面能也越大。因此，胶体含量越高的土壤，其表面能也就越大，养分的物理吸收性能便越强。

胶体的供肥和保肥功能除了通过离子的吸附与交换来实现，还依赖于胶体的存在状态。当土壤胶体处于凝胶状态时，胶粒相互凝聚在一起，有利于土壤结构的形成和保肥能力的增强，但也降低了养分的有效性；当胶体处于溶胶状态时，每个胶粒都被介质所包围，彼此分散存在，虽可使养分的有效性增加，但易引起养分的淋失和土壤结构的破坏。土壤中的胶体主要处于凝胶状态，只有在潮湿的土壤中才有少量的溶胶。

（2）土壤酸碱度

土壤酸碱度是土壤盐基状况的一种综合反映。土壤酸度是由H^+引起的，而土壤碱度则与OH^-的数量有关。H^+数量大大超过OH^-的土壤溶液呈酸性；而OH^-数量大大超过H^+的土壤溶液呈碱性；如果两种离子的浓度相等，则土壤溶液呈中性。

土壤的活性酸度是由土壤溶液中游离的H^+决定的，通常用pH值表示。化学上把溶液中氢离子浓度的负对数定义为pH值，对于土壤而言，pH值就是土壤溶液中氢离子浓度的负对数。根据pH值的高低，可将土壤分为若干酸碱度等级，图1-2是美国的一种土壤酸碱度分级及其pH值变化范围。

另一种酸度称为潜在酸度，是土壤胶体所吸附的H^+和Al^{3+}被交换出来进入土壤溶液中所显示的酸度。因为这些离子在被交换出来之前并不显示酸度，因此得名。

活性酸度和潜在酸度在本质上并没有显著的区别，二者保持着动态平衡的关系，可用反应式表示：

$$\underset{\text{潜在酸度}}{\text{吸附的}H^+\text{和}Al^{3+}} \rightleftharpoons \underset{\text{活性酸度}}{\text{土壤溶液中的}H^+\text{和}Al^{3+}}$$

假如加入石灰物质来中和土壤溶液的氢离子使酸度降低，上述反应将向右进行，结果是更多的吸附态氢和铝解吸释放、进入土壤溶液，变为活性酸度，使土壤酸度不会降低过

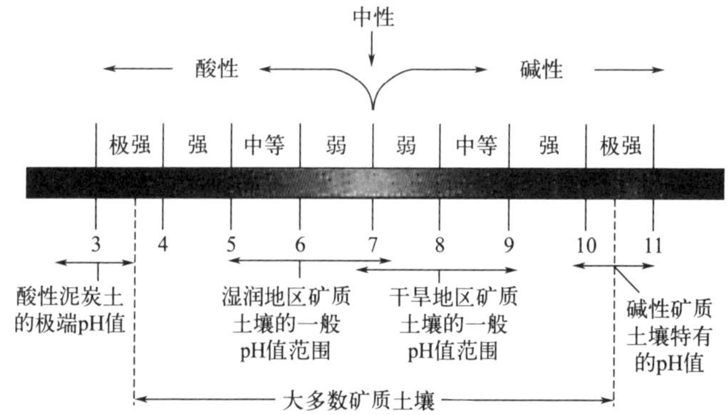

图 1-2　土壤酸碱度分级及其 pH 值变化范围

快；而当较多的氢离子进入土壤溶液中时，溶液酸度升高，上述反应将向左进行，更多的氢离子被胶核所吸附，变为潜在酸度，使土壤酸度不会升高过快。土壤这种对酸化和碱化的自动调节能力称为土壤的缓冲作用，它使得土壤 pH 值具有稳定性，从而给高等植物和微生物提供了一个比较稳定的化学环境。

（3）氧化还原反应

在土壤溶液中经常进行着氧化还原反应，它主要是指土壤中某些无机物质的电子得失过程。根据化学知识，一个原子或离子失去电子称为被氧化，它本身是还原剂；而一个原子或离子得到电子称为被还原，它本身是氧化剂。土壤中存在着多种多样的氧化还原物质，在不同的条件下，它们参与氧化还原过程的情况是不同的。

土壤中的氧化作用主要由游离氧、少量的 NO_3^- 和高价金属离子（如 Fe^{3+} 等）引起，它们是土壤溶液中的氧化剂，其中最重要的氧化剂是氧气。在土壤空气能与大气进行自由交换的非渍水土壤中，氧是决定氧化强度的主要物质，它在氧化有机质时，本身被还原为水：$O_2+4H^++4e^- \longrightarrow 2H_2O$。在土壤淹水的条件下，大气中的氧向土壤的扩散受阻，土壤含氧量由于生物和化学消耗而降低。如果土壤中缺氧，则其他氧化态较高的离子或分子成为氧化剂。

土壤中的还原作用是由有机质分解、厌氧微生物活动，以及低价铁和其他低价化合物的转化反应所引起的，其中最重要的还原剂是有机质。在适宜的温度、水分和 pH 值等条件下，新鲜而未分解的有机质还原能力很强，对氧气的需求量非常大。

一般来说，氧化态物质有利于植物的吸收利用，而还原态物质不仅会降低自身作为植物养分的有效性，甚至会对植物产生毒害。

1.2　土壤污染

随着人类社会的发展，人类对土壤的开发利用强度越来越大。与此同时，向土壤排放的污染物也成倍增加，对农业生态系统已造成极大的威胁。防治土壤污染、保护有限的土壤资源，已成为应对全球性土壤环境问题的关键举措。

土壤作为人类赖以生存和发展的物质基础，不仅仅因为它的肥力属性，即具有生产绿色植物的功能，还因为它具有过滤性、吸附性、缓冲性等多种特性，既充当各种来源污染物的载体，又起到天然净化场所的作用。因此在学习土壤污染的概念之前，首先需要对土壤背景值、土壤的自净作用和土壤环境容量等概念有所了解。

1.2.1　土壤背景值

土壤背景值理论上是自然形成的土壤化学元素的组成和含量，即未受人类活动影响的土壤本身的化学元素组成和含量。然而，土壤是一个复杂的开放体系，由于人类活动的范围和强度不断扩展，地球上几乎所有土壤都不同程度地受到人类活动直接或间接的影响。因此，土壤背景值只能是代表土壤某一发展演变阶段的一个具有相对意义的数值，即严格按照土壤背景值研究方法获得的、尽可能不受或少受人类活动影响的土壤化学元素的原始含量。

1.2.1.1　土壤背景值的获得

既然在地球上很难找到绝对不受人类活动影响的土壤，那么，要获得一个尽可能接近自然土壤化学元素含量的真值是相当困难的。也就是说，确定土壤背景值是一项难度很高的基础性研究。

各国都很重视土壤背景值的研究，美国、英国、德国、加拿大、日本以及俄罗斯等国，都已公布了土壤中某些元素的背景值。我国也将土壤背景值研究列入“六五”和“七五”国家重点科技攻关项目，并于 1990 年出版了《中国土壤元素背景值》。通常，土壤背景值的研究应包括情报检索、野外采样、样品处理和保存、实验室分析质量控制、分析数据统计检验、制图等技术环节。

由此可见，土壤背景值研究以土壤学（特别是土壤分析）为主线，涉及多学科且技术要求高，兼具严密的结构性、整体性及目的性，对各子系统均有严格的技术质量控制标准。

1.2.1.2　土壤背景值的用途

（1）农田施肥

土壤背景值反映了土壤化学元素的丰度，在研究化学元素特别是微量元素的生物有效性时，土壤背景值是预测元素丰缺程度、制订施肥方案的基础数据。

（2）土壤污染评价

土壤背景值是土壤污染评价不可缺少的依据。土壤质量评价及质量等级划分、污染评价及污染等级划分，必须以土壤背景值作为基础参数和标准。

（3）计算土壤环境容量

土壤背景值是研究和确定土壤环境容量、制定土壤环境标准不可缺少的基础数据。

（4）应用于医疗卫生事业

土壤背景值反映了区域土壤生物地球化学元素的组成和含量。通过对元素背景值的分析，可以找到土壤、植物、动物和人群之间某些异常元素的相互关系。例如，低硒土壤背景区是克山病、大骨节病及动物白肌病的高发区，其原因在于土壤缺硒会导致整条食物链硒缺乏，最终造成人体硒营养不足，进而危害人体健康。

1.2.2　土壤的自净作用

土壤自净是指进入土壤的污染物，在土壤矿物质、有机质和土壤微生物的作用下，经过一系列的物理、化学及生物化学过程，降低浓度或改变形态，从而消除或降低毒性的现象。

土壤的自净作用对维持土壤生态平衡起着重要作用。少量有机污染物进入土壤后，经生物化学降解，可降低其活性，变为无毒物质；进入土壤的重金属元素，则通过吸附、沉淀、配位、氧化还原等化学作用变为不溶性化合物，退出生物循环，脱离食物链。

1.2.2.1　物理自净作用

土壤是多孔介质，进入土壤的污染物可以随土壤水迁移，通过渗滤作用排出土体。水迁移与土壤的颗粒组成、吸附容量密切相关。

某些有机污染物亦可通过挥发、扩散等方式进入大气。挥发和扩散的速率主要取决于污染物的蒸气压、浓度梯度和土壤的温度梯度。但是，物理净化作用只能使局部土壤污染物的浓度降低或使污染物迁移，而不能使污染物从自然界消失。如果污染物迁入地表水或地下水层，将造成水体污染，逸入大气则造成空气污染。

1.2.2.2　化学和物理化学自净

土壤中污染物经过吸附、配位、沉淀、氧化还原作用，使其毒性浓度降低的过程，称为化学和物理化学自净。

土壤黏粒、有机质具有巨大的比表面积和表面能，有较强的吸附能力，是发生化学和物理化学自净作用的主要载体。酸碱反应在土壤自净过程中也起着主要作用，许多重金属在碱性土壤中容易沉淀。在还原条件下，大部分重金属离子都能与 S^{2-} 形成沉淀，从而降低污染物的毒性。土壤黏粒对重金属离子的吸附、配位和沉淀等过程，只是改变了金属离子的存在形态，降低了它们的生物有效性。从长远来看，污染物并没有真正消除，而是在土壤中“积累”起来，最终仍有可能被生物吸收，危及生物圈。

1.2.2.3　生物化学净化作用

有机污染物在微生物及其酶的作用下，通过生物降解，被分解为简单的无机物而消散的过程，叫作生物化学净化作用。从净化的机理看，生物化学自净才是真正的净化。

不同化学结构的物质在土壤中的降解过程不同。不同污染物在土壤中的半衰期长短悬殊，其中有些降解中间产物的毒性可能比母体更大。

1.2.3　土壤环境容量

1.2.3.1　土壤环境容量的概念

土壤环境容量是指土壤环境单元在一定时限内，遵循环境质量标准，既保证农产品产量和生物学质量，同时也不使土壤环境受到污染时，土壤所能承载污染物的最大数量或负荷量。

随着污水土地处理系统研究的开展，土壤环境容量的研究也日益受到重视。美国、澳大利亚等国，根据土地处理系统对污水的净化能力，计算出了某一时间、单元处理区的水力负荷和灌溉量。澳大利亚还提出了安全的“锌当量”。

我国在“中国土壤环境容量”研究中，提出了确定重金属土壤临界含量的依据，取得了土壤重金属临界含量、重金属对微生物和生化活性影响临界值等一系列有价值的研究成果。

1.2.3.2　土壤环境容量的数学模型

土壤环境容量的数学模型是表征土壤生态系统与其边界环境中各参数构成间定量关系的表达式。当土壤环境容量标准确定后，可由下式获得土壤的静容量：

$$C_{\mathrm{so}}=m(C_i-C_{\mathrm{b}i})$$

式中　C_{so}——土壤静容量；

m——耕层土质量，每公顷的耕层土质量取值为 2250t；

C_i——i 元素的土壤环境标准，mg/kg；

C_{bi}——i 元素的土壤背景值，mg/kg。

1.2.4　土壤污染的概念

1.2.4.1　土壤污染的定义

第一种定义：只要人类活动向土壤添加了有害物质，土壤即受到了污染。此定义的关键是存在可鉴别的、人为添加的污染物，可视为“绝对性”定义。第二种定义：以特定的参照数据来判断，如以土壤背景值加 2 倍标准差为临界值，如超过此值，则认为该土壤已被污染，可视为“相对性”定义。第三种定义：不但要看含量的增加，还要看后果，即当进入土壤的污染物超过土壤的自净能力，或污染物在土壤中的积累量超过土壤基准量，而给生态系统造成了危害，此时才能被称为污染，这也可视为“相对性”定义。

土壤污染是指人类活动产生的污染物进入土壤，导致土壤质量恶化，影响土壤的正常功能，对生态环境和人类健康造成危害的一种现象。土壤污染通常涉及多种污染物，包括重金属、有机污染物、放射性物质等。

1.2.4.2　土壤污染的类型

土壤污染的类型多种多样，根据污染物的性质和来源，大致可分为以下几类。

① 重金属污染：如铅、镉、汞等重金属元素及其化合物。

② 有机污染物污染：如多环芳烃、多氯联苯、农药等有机化合物。

③ 放射性污染：如铀、钍等放射性元素及其衰变产物。

④ 生物污染：如细菌、病毒、寄生虫等生物性污染物。

1.2.4.3　土壤污染的来源

土壤污染的来源广泛，主要包括以下几个方面。

① 工业污染：工业生产过程中排放的废气、废水、废渣等污染物进入土壤。

② 农业污染：过量使用化肥、农药、农膜等农业生产资料，以及农业废弃物进入土壤。

③ 城市污染：城市生活污水、垃圾等进入土壤。

④ 交通污染：汽车尾气、油品泄漏等交通污染源对土壤造成污染。

⑤ 自然污染：地震、火山爆发等自然现象导致的土壤污染。

1.2.4.4　土壤污染的危害

土壤污染对生态环境和人类健康造成严重的危害，具体表现在以下几个方面。

① 生态环境危害：土壤污染导致土壤质量恶化，影响土壤的肥力、结构和功能，降低土壤的生态价值。

② 食物链污染：土壤污染使污染物进入农作物，进而进入人类食物链，导致人体摄入有害物质。

③ 地下水污染：土壤污染使污染物渗入地下水，影响地下水质量，危害人类饮水安全。

④ 人体健康危害：长期接触土壤污染物，可能导致人体出现各种疾病，如重金属中毒、癌症等。

⑤ 生物多样性损失：土壤污染使生物多样性降低，影响生态系统的稳定性。

1.3 土壤污染物的来源及危害

土壤中污染物的来源除地质异常外，主要是工业“三废”，以及农药、化肥、城市污泥、垃圾，偶尔还有核物质散落的放射性微粒等。

1.3.1 无机污染物

土壤中的无机污染物可以分为重金属和其他无机物。在环境污染研究中，重金属主要指镉、铬、汞、铜、铅、锌等，类金属砷也包括在其中。其他无机物则包括氟化物、氰化物、含氮化合物等。

1.3.1.1 镉（Cd）

岩石圈的含Cd量平均在0.1～0.2mg/kg之间。天然土壤含Cd量为0.01～0.70mg/kg，我国4092个土壤样品分析表明，土壤含Cd量变化范围为0.001～91.46mg/kg，平均值为0.097mg/kg。

镉在电镀、颜料、塑料稳定剂、镍镉电池、电视显像管制造中被广泛应用。世界上每年由冶炼厂和镉处理厂释放到大气中的Cd大约为100×10^4kg，由磷肥带入土壤的Cd约66×10^4kg。一些研究认为，人类活动对土壤镉的贡献中，磷肥占54%～58%，空气沉降占39%～41%，污泥占2%～5%。

镉的化合物毒性极大，而且具有蓄积性，引起慢性中毒的潜伏期可达10～30年之久。Cd能降低植物细胞中腺苷三磷酸（ATP）酶活性，妨碍K向根内输导，降低植物对K的吸收。

污染实例：长期食用Cd污染（>1mg/kg）的“镉米”就会患骨痛病。日本的痛痛病（人因长期食用含镉的食物而引起的镉中毒症）事件，就是典型的例子。

1.3.1.2 铬（Cr）

地壳含Cr量平均为100mg/kg。我国土壤含Cr量平均值小于80mg/kg，一般在50～60mg/kg范围内。上海地区农业土壤中含Cr量平均为64.6mg/kg，北京地区平均为59.2mg/kg，南京地区平均为59.0mg/kg。

金属铬无毒性，三价铬有毒，六价铬毒性更大且有腐蚀性。六价铬对皮肤和黏膜有强烈的刺激和腐蚀作用，还具有全身毒性，可引起血液系统损伤、肾功能衰竭和皮炎。六价铬及其化合物还具有致癌、致畸、致突变作用。

全世界年产约750×10^4t铬，90%用于钢铁生产，其他产生铬污染的主要生产企业和工艺有：铬矿的开采和冶炼，含铬化合物在电镀、鞣革、颜料、油漆、合金、印染、胶印及农业上的应用。

铬对种子萌发、作物生长的影响主要是使细胞质壁分离、细胞膜透性变化并使组织失水，影响氨基酸含量，改变植株体内的羟羧化酶、抗坏血酸氧化酶活性。

1.3.1.3 汞（Hg）

地壳含Hg量平均为0.2mg/kg，土壤含Hg量平均为0.03mg/kg。我国4041个土样分析结果表明，土壤含Hg量的算术平均值为0.065mg/kg。

汞污染主要来源于金矿炼金、生产含汞制品的工厂（如日光灯、体温计、血压计、气压计、整流器制造厂等）。其他如氯化汞、中药中的轻粉和红粉、制造雷管的雷酸汞等。

植物根系和叶片均可吸收 Hg，比较容易被吸收的汞有金属汞、Hg^{2+}、乙基汞和甲基汞。水培试验表明，汞浓度为 0.074mg/kg 时，水稻根系受害，秕谷率增加，水稻产量下降。

汞对作物生长发育的影响主要有抑制光合作用、根系生长和养分吸收、酶的活性、根瘤菌的固氮作用等。汞对人的毒性主要是在心、脑中蓄积，导致神经损伤。

污染案例：在日本九州熊本县水俣湾，曾发生“海藻枯萎，鸟死猫疯，人群耳聋、手指颤抖、精神错乱、瘫痪致死”的怪病，后经多年调查，才找到元凶——汞。20 年间，水俣湾 3000 余人染病，200 多人丧命。

1.3.1.4　铜（Cu）

岩石圈含 Cu 量平均为 70mg/kg。铁镁矿物和长石类矿物，如橄榄石、角闪石、辉石、黑云母、正长石、斜长石等含 Cu 量较多。铜是亲硫元素，往往以辉铜矿（CuS)、黄铜矿（$CuFeS_2$)、赤铜矿（Cu_2O)、孔雀石［$Cu_2(OH)_2CO_3$］、蓝铜矿［$Cu_3(OH)_2(CO_3)_2$］等矿物形态存在。

土壤含 Cu 量为 2～100mg/kg，平均为 20～30mg/kg。我国土壤含 Cu 量大多为 4～150mg/kg，平均约为 22mg/kg。各土类含 Cu 量与母质类型、腐殖质含量、成土过程和培肥条件等有关。

铜污染主要来源于铜等有色金属开采冶炼企业排出的“三废”、化石燃料（特别是煤）的燃烧、城市垃圾及污泥、含铜农药的使用。长期施用波尔多液，土壤含铜量可高达 1500mg/kg。

植物受铜毒害会使光合作用减弱、叶色褪绿，还会引起缺铁，进而抑制生长，导致减产。水稻受铜毒害后，植株明显矮化、黄化且不分蘖，根系纤细、侧根多且软弱无力。铜在人体肝脏中大量累积，会产生名为“肝豆状核变性”的铜代谢疾病。

1.3.1.5　铅（Pb）

地壳岩石中铅的平均丰度为 16mg/kg。土壤含铅量通常为 2～200mg/kg，平均含量变化幅度为 13～42mg/kg。

一般来说，离城市远、未污染的土壤含铅量为 10～30mg/kg，城区公路两旁及低污染区域的土壤含铅量为 30～100mg/kg，受铅锌矿企业污染的土壤含铅量可高达几万 mg/kg。含铅汽油的含铅量为 400～1000mg/kg，致使交通工具排出的尾气中含有大量铅，积累于公路两旁的土壤中，产生不同程度的铅污染。有研究表明，美国 12 条高速公路两旁的土壤含铅量在 128～700mg/kg。此外，一些城郊土壤（施用垃圾、污泥）、污灌区土壤、果园土壤（施用砷酸铅）的含铅量也较高。铅被广泛应用于蓄电池生产、粉末冶金、青铜冶炼、颜料、釉彩、涂料、医药等领域。

铅在植物体内主要以 $Pb_3(PO_4)_2$ 和 $PbCO_3$ 等沉淀形式存在，在植物汁液中也有离子态和配合态铅存在。由于吸附、钝化或沉淀作用，植物根系所吸收的 Pb 难以向地上部输送，90%以上仍滞留在根系中。

过多的铅对植物的影响主要是抑制或不正常地促进某些酶的活性，从而影响光合作用和呼吸作用，不利于植物对养分的吸收。

污染实例：多国曾有用含铅的容器盛放食品和饮用水而引起中毒的事故。一些专家认为，用铅容器盛放食品和饮用水，使古罗马统治阶级中毒，加速了他们的灭亡。

1.3.1.6　锌（Zn）

岩石圈平均含锌量约为80mg/kg，土壤中的含锌量在10～300mg/kg，平均为50mg/kg。我国土壤含锌量为3～790mg/kg（平均为100mg/kg）。

土壤中的锌除来自岩石母质外，还来自大气沉降、农用污泥、垃圾、农用化学品、铅锌矿尾砂等。煤和其他化石燃料以及有色金属的冶炼是大气中Zn的主要来源。一些地质异常地区和铅锌矿周围土壤常常受到锌的污染。

一般植物含锌量为10～100mg/kg。当植物含锌量>50mg/kg时，就发生锌中毒。锌对植物的毒害首先表现为抑制光合作用、减少CO_2固定；其次会影响韧皮部的输送作用、改变细胞膜的渗透性，进而导致生长减缓甚至受阻，并出现失绿症，严重时可致植物死亡。

1.3.1.7　砷（As）

地壳岩石圈平均含砷量在2～5mg/kg之间。土壤含砷量为0～195mg/kg，平均为9.36mg/kg。我国一些地区自然土壤的平均含砷量为10.38mg/kg。

从总趋势看，石灰岩、浅海沉积物、冲积物发育的质地较细、有机质较多的土壤含砷量较高，而发育于花岗岩、凝灰岩等火成岩母质上的砂性土壤含砷量较低。

砷常与铜、铅、锑、钴等伴生，在有色金属开采和冶炼过程中，砷化合物会进入土壤，成为重要的污染源。曾经使用过的含砷农药主要有砷酸钙、砷酸铅、稻脚青、稻宁、甲基胂酸二钠、巴黎绿。磷肥中含砷量一般在20～50mg/kg，高的可达几百mg/kg。工业和化石燃料每年释放砷7.8×10^7kg，开矿、冶炼和火山活动引起的砷释放每年分别为4.6×10^7kg和2.8×10^7kg，农用化学品每年释放砷1.9×10^6kg。

低浓度的砷对植物有刺激作用。当植株摄入过量砷时，就会受害。其症状首先表现在叶子上，其次是根系的伸长受到阻碍，致使作物的生长发育受到显著抑制。砷可以取代DNA中的磷，妨碍水分特别是养分的吸收，抑制水分从根部向地上部输送，从而使叶片凋萎以致枯死。

砷对养分吸收阻碍的顺序是$K^+ > NH_4^+ > NO_3^- > Mg^{2+} > PO_4^{3-} > Ca^{2+}$。高等植物的叶受砷害发黄的原因之一是叶绿素受到了破坏，再就是水分和氮素的吸收受到了阻碍。

污染实例：某工厂生产磷肥和硫酸，因将高砷磷矿石放置在水井附近，造成饮用水源污染，致使1052人中毒。

1.3.1.8　氟（F）

地壳平均含氟量为660mg/kg。我国4093个土样分析结果表明，土壤含氟量为50～3467mg/kg，平均为478mg/kg。土壤中含氟量过高，除因母岩背景丰度和含氟矿藏（萤石矿等）的自然扩散外，还与排氟企业（铝厂、磷肥厂、水泥厂）的排放、含氟废水污灌，以及某些黏土对污染区氟气的捕获与吸收作用有关。

在干旱、半干旱碱性盐类富集地区，土壤中某些难溶性氟化物（如CaF_2），由于羟基置换反应，使氟活化而转入液相，成为易被作物吸收和富集的可溶性氟，进入食物链，进而危害人畜健康。

污染环境的氟基本上都来源于冶金工业。炼铝，炼钢，磷肥生产，含氟塑料生产，以及砖瓦、陶瓷、玻璃、耐火材料等工业都会排放氟化物。电解铝要用含氟54%（质量分数）的冰晶石作熔剂，用上插式电解槽生产1t铝要排放15kg HF、8kg氟尘、2kg SiF_4。氟化物的毒性是使人、畜、植物中毒，引起氟斑牙、大骨节病等。

污染实例：某地曾发生过近10万头羊氟中毒事件，造成严重的经济损失。

1.3.2 有机污染物

土壤中的有机污染物主要有农药、三氯乙醛（酸）、油类、表面活性剂、废塑料制品，以及工矿企业排放的含有各种有机质的“三废”。

1.3.2.1 农药

农药污染土壤的主要途径有：

① 将农药直接施入土壤或以拌种、浸种等形式施入土壤。

② 向作物喷洒农药时，农药直接落到地面上或附着在作物上，经风吹雨淋进入土壤。

③ 大气中悬浮的农药，或以气态形式挥发的农药，经雨水溶解和淋洗，落到地面。

④ 随死亡动植物或污水灌溉将农药带入土壤。

农药进入土壤后，一部分被植物和土壤动物及微生物很快吸收，一部分通过物理化学及生物化学作用逐渐从土壤中消失、转化或钝化，还有一部分则以保留其活性的形式残留在土壤中。农药在土壤中的消失途径有：吸收，迁移，蒸发，在日光、空气、水、黏土矿物和微生物的作用下分解、转化。土壤温度、质地、水分含量、有机质含量及耕作制度等对农药残留有不同程度的影响。

多数农药难溶于水，易被黏土和有机质吸附，随水淋失的数量较少，所以农药大部分存在于20cm深的表土层中。在土壤中存在着结合态农药，用非极性有机溶剂和极性溶剂连续提取后，仍有一部分农药残留在土壤富里酸、胡敏酸和胡敏素里。有机氯杀虫剂（如六六六、DDT）比较稳定，脂溶性、渗透性较强，能耐酸、耐热且挥发性低，在土壤中不降解。无论水田、旱地、山林土壤，甚至已多年未施用有机氯杀虫剂的茶园土壤中，其残留量仍能被检出。

农药对农田的污染程度与作物种类、农药使用强度有关。农药使用多、复种指数高的土壤中农药残留量较大。果园土壤农药的污染程度往往高于一般农田，棉田土壤污染程度小于果园土壤，高于其他大田。总体而言，我国土壤六六六残留水平高低依次是果园土壤＞棉田土壤＞牧草土壤＞蔬菜土壤＞水稻土壤＞茶树土壤＞烟草土壤。目前六六六和DDT等残留期长的农药已被禁止生产和应用。

1.3.2.2 三氯乙醛（酸）

三氯乙醛（CCl_3CHO）是很多化工产品、药物和农药（如敌百虫）的合成原料。农药厂在生产三氯乙醛时，用工业硫酸吸收成品中的水分，产生大量含三氯乙醛的废硫酸。这种废硫酸含三氯乙醛8%～12%。用这种废硫酸生产过磷酸钙肥料或胡敏酸铵肥料，肥料中的三氯乙醛含量可高达几百乃至几千mg/kg。

值得注意的是，污染土壤中的三氯乙醛经分解、转化，其含量已不能检出时，作物仍然会受害。这是因为三氯乙醛可在微生物作用下氧化为毒性强烈的三氯乙酸，三氯乙酸在土壤中有较长的残留期（70～100d）。三氯乙醛易与水生成水合氯醛晶体，易溶于水和有机溶剂，在酸性条件下稳定，在碱性条件下易分解。

水合氯醛对植物的毒害作用是破坏植物细胞原生质的极性结构，影响其分化，导致细胞和细胞核的分裂和增殖紊乱，进而使植物生长畸形，降低其新陈代谢的功能。单子叶植物对三氯乙醛（酸）的敏感性高于双子叶植物。抗性较强的作物有甜菜、烟草、番茄等，中等敏感的植物有棉花、苜蓿、马铃薯等，而禾谷类、豆类作物最敏感。

含三氯乙醛的磷肥，可通过微生物发酵法降解去除，使肥效正常发挥。浙江大学试验证实，含三氯乙醛0.32%的磷肥与猪粪、菜园土、草木灰、碳酸铵按1∶4∶4∶0.4∶0.2重量比混合堆制，在pH 6.5～7.0，温度40～50℃条件下发酵1～3周，即可使三氯乙醛全部降解消失。

1.3.2.3　油类

矿物油是各种烷烃、芳烃的混合物。随着石油工业的发展，矿物油在土壤环境中的污染日益严重。土壤中矿物油污染物来自溢油事故、油页岩矿渣、油类药剂、车辆污染，以及土壤中的生物合成。动植物油类常随城镇生活污水排出，家畜屠宰场、食品加工及油脂工业废水也富含油类，其主要成分为甘油和脂肪酸。

油类污染物可以对土壤的理化性质产生影响。油类物质的表面张力很大，土壤受污染后油类迅速在表土层内扩散，严重阻抑土体与大气层间的气体交换；其强烈的疏水性使土壤不易被雨水和灌溉水润湿，降雨后易形成地表径流流失。油类降解、同化过程中生成的黏稠性代谢物可堵塞土壤孔隙，使土壤水分垂直向下渗滤受阻。

土壤被油类污染后，短期内物理性状虽明显劣化，但随着油类生化降解，某些物理性状反而有所改善。砂质土壤被油类污染［含油量（质量分数）6.5%］后，在生化降解过程中，因生成对改善土壤结构有利的絮凝状代谢物，使土壤水稳性团聚体由初始的12.9%增加到64.4%，容重由1.3g/cm^3降至0.7g/cm^3。

油类污染物对土壤化学性质的影响包括如下几方面：

① 油类分解需消耗大量氧气，降解过程中土壤氧化还原电位明显降低，有时甚至降至负值。

② 矿物油类中碳氮比极高（＞1500），油类污染的土壤短期内碳氮比随之增高（＞50）。土壤短期内碳氮比的急剧增加，不利于微生物的增殖，且后者为生存的需要，会与植物争夺有效氮。

③ 油类对土壤氨化、硝化作用有抑制效应，不利于氮素营养的循环与转化。土壤含油量达1%时，硝酸盐生成量降低。土壤含油5%时，1周内氨化作用降低40%～50%，10天内降低30%～35%。

油类污染物可直接经植物表皮渗入细胞间隙，并在体内进行再分配，从而影响植物的蒸腾作用、呼吸作用、光合作用。其对作物生长发育的不利影响主要表现为发芽率降低、生育期推迟、植株易倒伏、结实率下降、抗病虫害能力下降等。

1.3.2.4　表面活性剂

随着表面活性剂的广泛应用，特别是洗涤剂的大量使用，其对土壤产生不同程度的影响，甚至造成污染。表面活性剂主要有阴离子型活性剂、阳离子型活性剂和非离子型活性剂三类。

土壤中活性洗涤剂对土壤微生物有影响，一般在洗涤剂浓度＜100mg/kg时无实质性影响，洗涤剂浓度＞500mg/kg时微生物种群数量降低，阴离子型和非离子型活性剂的浓度约为1000mg/kg时，土壤真菌数减少20%。

土壤中非离子型洗涤剂浓度低于50mg/kg时，可提高土壤持水性能90%～189%。含阴离子型洗涤剂<5000mg/kg时，则可相应提高土壤持水性能4～5倍。洗涤剂对土壤导水、渗水性能的改善作用也很显著。当浓度为80mg/kg以下时，土壤团聚性能明显改善，但浓度高于500mg/kg时则产生负效应。

美国加利福尼亚州的土壤用浓度为300mg/kg洗涤剂处理后，雨季地面径流量减少30%，土壤侵蚀量降低90%。

土壤含少量（5～10mg/kg）洗涤剂时，对玉米和麦类作物生长有刺激效应，有人认为应归功于洗涤剂中N、P的营养作用，但浓度较高（50～100mg/kg）时则导致作物减产，原因是组分中Na^+（质量分数为20%～30%）的高毒性超过了N、P的增产效果。

1.3.2.5　废塑料制品

近年来，城市垃圾组分中废塑料剧增，各类农用塑料薄膜作为大棚、地膜覆盖物被广泛应用，使土壤中废塑料制品残留率明显增加，如北京郊区蔬菜田、花生田耕层土壤农膜残留量为15.0～58.5kg/hm^2，残留率高达40%～70%。

塑料类高分子有机物性质稳定，耐酸碱，不易被微生物分解。农用塑膜残片进入土壤后，使土壤物理性质变差，不利于作物生长。有些塑料制品的添加剂中含有毒成分，会抑制种子萌发，灼伤芽苗。塑料残片会阻断水分运动，降低孔隙率，不利于空气的循环、交换。土壤物理性质不良，导致作物扎根困难，吸肥、吸水性能降低而减产。

1.3.3　固体废物

1.3.3.1　工业固体废物

工业固体废物主要包括冶金废渣、采矿废渣、燃料废渣、化工废渣、建材工业废渣，以及机械工业废弃物、食品工业废弃物、轻纺工业废弃物（如布头、纤维、废弃染料）等。

工业废弃物成分复杂，含有重金属等有毒元素和致癌物质。如处理不当，不但大量侵占农田，而且长期堆积，会破坏植被，有时甚至严重污染土壤。

1.3.3.2　城市垃圾

随着国民经济的飞速发展，人民生活水平日益提高，城市垃圾排放量急剧上升。

城市垃圾来源广泛，成分极为复杂，含有重金属及其他有害元素。如未经适当处理，长期施用必将导致农田中重金属的超量积累，使农产品（特别是城郊菜地蔬菜）重金属超标，危及人类健康。

1.4　土壤组成和性质对污染物毒性的影响

1.4.1　土壤组成对污染物毒性的影响

污染物进入土壤后，与各种土壤组分发生物理的、化学的和生物的反应，主要包括吸附解吸、沉淀溶解、配位解离、同化矿化、降解转化等过程。

这些过程与土壤污染物的有效浓度密切相关。一般认为，土壤中污染物的水溶态或交换态有效浓度越大，其对生物的毒性越大，而专性吸附态、氧化态或矿物固定态含量越高，则其毒性越小。

1.4.1.1 黏土矿物对污染物毒性的影响

土壤中的黏土矿物如层状铝硅酸盐和氧化物，显著影响污染物的吸附解吸行为及其毒性。铝硅酸盐对重金属、离子态有机农药的吸附，以及氧化物对氟、钼、砷、铬等含氧酸根的吸附，能通过固定或暂时降低其生物活性对这些污染物产生减毒效应。

黏土矿物类型会影响土壤对农药的吸附能力。农药被黏粒吸附后，毒性大大降低。土壤对农药的吸附作用不仅影响其迁移，还能减缓化学分解与生物降解速度，因此吸附量大时，农药残留量也高。

1.4.1.2 有机质对污染物毒性的影响

土壤中有机质对污染物毒性的影响，可通过静电吸附和配位（螯合）作用实现。土壤有机质对重金属的吸附，主要通过其含氧官能团进行。羧基和酚羟基是腐殖酸的两种主要官能团，分别占官能团总量的50%和30%。

1.4.2 土壤酸碱性对污染物毒性的影响

土壤酸碱性通过影响组分和污染物的电荷特性，以及沉淀溶解、吸附解吸和配位解离平衡，改变污染物的毒性。此外，它还能通过影响土壤微生物的活性，进一步影响污染物的毒性。

土壤溶液中的大多数金属元素（包括重金属），在酸性条件下以游离态或水化离子态存在，毒性较大，而在中性、碱性条件下易生成难溶性氢氧化物沉淀，毒性大为降低。

pH 对有机污染物在土壤中的积累、转化、降解的影响主要表现在：

① 土壤 pH 不同，其微生物群落也不同，进而影响微生物对有机污染物的降解，该降解过程主要包括生物氧化和还原过程中的脱氯、脱氯化氢、脱烷基化、芳香环或杂环破裂等反应。

② 通过改变污染物和土壤组分的电荷特性，调整两者的吸附、配位、沉淀等特性，进而改变污染物的有效性。

1.4.3 土壤氧化还原电位（Eh）对污染物毒性的影响

土壤氧化还原电位（Eh）是一个综合性指标，虽主要取决于土体内水气比例，但土壤中的微生物活性、易分解有机质含量、易氧化和易还原的无机物质的含量、植物根系的代谢作用及土壤 pH 等都与 Eh 关系密切，对污染物毒性有显著影响。

1.4.3.1 农药

有机氯农药大多在还原环境下才能加速代谢。例如，六六六在旱地土壤中分解很慢，分解 DDT 适宜的 Eh 为 0～−250mV，艾氏剂也只在 Eh＜−120mV 时才快速降解。

1.4.3.2 重金属

土壤中大多数重金属污染元素是亲硫元素，在农田厌氧还原条件下易生成难溶性硫化物，降低毒性和危害。土壤中低价硫 S^{2-} 来源于有机质的厌氧分解与硫酸盐的还原反应，水田土壤 Eh 低于−150mV 时，S^{2-} 生成量可达 20mg/100g。当土壤转为氧化状态如落干或改为旱地时，难溶硫化物逐渐转化为易溶硫酸盐，其生物毒性随之增加。

在黏质土中添加Cd、P和Zn，淹水5～8周后，土壤中可能存在CdS。在含Cd量相同的同类土壤中，若水稻全生育期采用淹水种植，即使土壤含Cd量为100mg/kg，糙米中的Cd浓度也不到1mg/kg。但若在幼穗形成前后，水稻田落水搁田，则糙米含Cd量可高达5mg/kg。这是因为土壤淹水时，Cd溶出量下降与Eh下降同时发生，且Cd会生成难溶的硫化镉，从而降低其毒性。

1.5 土壤污染的防治

1.5.1 提高对保护土壤资源重要性的认识

在环境三要素中，土壤污染远没有像空气污染、水体污染那样受到人们的关注和重视。实际上，除了土壤科学、环境科学、农学、生态学部分科学工作者外，其他学科的学者很少思考土壤污染及其对陆地生态系统、人类生存带来的威胁。

土壤污染之所以容易不被重视，与其自身特性、成因特点及与其他环境要素的关联密切相关，具体可从以下几方面分析：

① 土壤污染具有渐进性、长期性、隐蔽性的特点。它对动物和人体的危害往往通过农作物（包括粮食、蔬菜、水果、牧草）进入食物链逐级积累，人们往往身受其害而不知其害，不像大气、水体污染那样易被人直接觉察。

② 从土壤污染的原因看，土壤污染与其他类型的土壤退化不同。土壤沙化、水土流失、盐渍化（含次生盐渍化）、潜育化等，是人为因素和自然因素共同作用的结果。而土壤污染除极少数突发性自然灾害（如火山活动）外，主要由人类活动造成。

③ 从土壤污染与其他环境要素污染的关系看，大气、水体和土壤等自然地理要素的联系源于自然过程，是相互影响、互相制约的。土壤污染绝非孤立存在，它会受到大气、水体污染的影响。土壤是各种污染物的最终聚集地，大气和水体中90%以上的污染物，最终会沉积到土壤中。反过来，土壤污染也会导致大气或水体污染。

1.5.2 土壤污染的防治措施

1.5.2.1 土壤污染的预防措施

多数西方国家都走过以资源高消耗和环境污染为代价的工业化道路，即“先污染后治理”的路子。我国应坚持走可持续发展的道路，争取实现社会、经济、资源、环境的协调发展。尤其对于土壤资源，一旦受污染，就很难治理，重金属污染实际上几乎不可逆转。因此，对土壤资源的管理更需要坚持“先防后治，防重于治”的原则。

（1）建立土壤污染监测、预测与评价系统

以土壤环境标准和土壤环境容量为依据，定期对辖区土壤环境质量进行监测，建立系统的档案材料，确定优先监测的土壤污染物及其测定标准方法，按照优先次序进行调查、研究。

在开发建设项目实施前，对项目建设期及投产后土壤可能受污染的状况和程度进行预测和评价。建立土壤污染物累积模型和土壤容量模型，制定控制与减缓土壤污染的对策和措施。

（2）发展清洁生产

清洁生产是持续、全面地践行环境保护战略的生产模式，旨在降低生产全过程（从原料到产品最终处理）对人类和环境的危害，减少“三废”排放量，从而减轻对环境的不利影响。

（3）采取综合防治措施

对粪便、垃圾和生活污水进行无害化处理；加强对工业废水、废气、固体废物的治理和综合利用；合理使用农药和化肥，积极发展高效、低毒、低残留的农药；积极慎重地推广污水灌溉，对灌溉农田的污水，进行严格的监测和控制；提高土壤的环境承载力；加强对污染土壤的修复治理。

1.5.2.2 污染土壤的治理措施

（1）重金属污染土壤的治理措施

土壤中重金属的显著化学行为是低迁移性和累积性，其污染过程还具有不可逆性。因此，对受重金属污染的土壤，需根据污染轻重程度开展针对性治理，从降低重金属的活性、减小其生物有效性入手。

1）水分调控

通过农田的水分调控，调节水田土壤 Eh 来控制土壤重金属的毒性。

2）施用石灰、有机物等改良剂

重金属的毒性与土壤 pH 密切相关。许多重金属（如 Cd、Cu、Zn、Pb 等）在 $pH>7$ 的碱性土壤中，会形成氢氧化物沉淀，施用石灰使土壤 pH 升高，可降低其毒性。

向土壤施加有机物，一方面可为微生物提供能源，促进土壤的还原进程，使重金属以硫化物形式沉淀；另一方面有机物可提供阴离子配位体，促使土壤溶液中的活性重金属形成配合物和螯合物，降低其活性。

3）客土法、换土法

对于严重污染的土壤，采用客土法或换土法是切实有效的治理方法。但此法的成本较高，难以推广到对大面积污染土壤的治理中。

4）生物修复

对污染严重的土壤，尤其是矿山土壤的治理，在复垦前，采用超积累植物的生物修复技术是一种可行的方法。例如，蕨类植物中的铁角蕨属植物对土壤镉的吸收率可达 10%，连种几年，可降低土壤的镉含量。

（2）有机物污染土壤的治理措施

对于有机物污染土壤的治理应从加速土壤中农药的降解入手。

① 增施有机肥料，提高土壤对农药的吸附量，减轻农药对土壤的污染。

② 调控土壤 pH 和 Eh，加速农药的降解。不同有机农药降解所需的 Eh、pH 条件不同。若降解反应属氧化反应或在好氧微生物作用下发生的降解反应，则应适当提高 Eh；若降解反应是还原反应，则应降低 Eh。

参考文献

[1] 曹志洪，周健民．中国土壤质量 [M]. 北京：科学出版社，2008.

[2] 曾现来，张永涛，苏少林．固体废物处理处置与案例 [M]. 北京：中国环境科学出版社，2011.

[3] 陈怀满．环境土壤学［M］．2版．北京：科学出版社，2010.
[4] 陈卫．水资源循环经济配置与核算［M］．北京：化学工业出版社，2013.
[5] 陈英旭．环境学［M］．北京：中国环境科学出版社，2001.
[6] 成岳，刘媚，乔启成，等．环境科学概论［M］．上海：华东理工大学出版社，2012.
[7] 戴树桂．环境化学［M］．2版．北京：高等教育出版社，2006.
[8] 范洪鹏．土壤污染与防治［J］．北方环境，2013，29（3）：63-64.
[9] 范拴喜．土壤重金属污染与控制［M］．北京：中国环境科学出版社，2011.
[10] 房存金．土壤中主要重金属污染物的迁移转化及治理［J］．当代化工，2010，39（4）：458-460.
[11] 符裕红．不同岩性土体上土壤养分与广玉兰幼树生长关系的研究［D］．贵阳：贵州大学，2007.
[12] 高超．东祁连山不同退化程度高寒草甸草原土壤有机质特性及其对草地生产力的影响［D］．兰州：甘肃农业大学，2007.
[13] 耿增超，戴伟．土壤学［M］．北京：科学出版社，2011.
[14] 顾连军．铁岭农业区土壤中DDT残留模型研究及土壤修复［D］．阜新：辽宁工程技术大学，2008.
[15] 顾顺芳．保护性土壤耕作制度对土壤肥力及夏玉米产量的影响［D］．洛阳：河南科技大学，2012.
[16] 郭观林，周启星，李秀颖．重金属污染土壤原位化学固定修复研究进展［J］．应用生态学报，2005，16（10）：1990-1996.
[17] 韩宝平，王子波．环境科学基础［M］．北京：高等教育出版社，2013.
[18] 洪坚平．土壤污染与防治［M］．2版．北京：中国农业出版社，2005.
[19] 黄昌勇，徐建明．土壤学［M］．3版．北京：中国农业出版社，2010.
[20] 黄智伟．厦门市翔安区农田土壤和农作物的重金属化学行为及其影响因素的研究［D］．厦门：厦门大学，2007.
[21] 贾建丽，于妍，王晨．环境土壤学［M］．北京：化学工业出版社，2012.
[22] 姜伟．重庆主城降尘中六种金属及其化学形态研究［D］．重庆：西南大学，2008.
[23] 蒋建国．固体废物处置与资源化［M］．2版．北京：化学工业出版社，2013.
[24] 降光宇．磷矿粉修复矿区复合重金属污染土壤的效应研究［D］．北京：中国地质大学（北京），2012.
[25] 金绍强．毒死蜱、联苯菊酯在土壤中的消解及对白蚁防治持效性研究［D］．杭州：浙江大学，2008.
[26] 李法云，曲向荣，吴龙华，等．污染土壤生物修复理论基础与技术［M］．北京：化学工业出版社，2006.
[27] 李佳华，林仁漳，王世和，等．改良剂对土壤-芦蒿系统中镉行为的影响［J］．环境化学，2009，28（3）：350-354.
[28] 林大仪，谢英荷．土壤学［M］．2版．北京：中国林业出版社，2011.
[29] 林凯．严重汞污染土壤汞的淋溶特征及其淋洗修复研究：以贵州清镇地区重汞污染土壤为例［D］．贵阳：贵州大学，2009.
[30] 刘贝贝．重金属对水稻土中异化铁还原的影响［D］．咸阳：西北农林科技大学，2006.
[31] 刘晓艳，张新颖，程金平．土壤中石油类污染物的迁移与修复治理技术［M］．上海：上海交通大学出版社，2014.
[32] 楼飞永．矿渣、粉煤灰用于土壤聚合物固化重金属的技术研究［D］．杭州：浙江工业大学，2006.
[33] 陆欣，谢英荷．土壤肥料学［M］．2版．北京：中国农业大学出版社，2011.
[34] 吕笑非．PAHs污染土壤修复植物的筛选及其根际微生态特征研究［D］．杭州：浙江大学，2010.
[35] 齐亚超，张承东，王贺，等．黑碳对土壤和沉积物中菲的吸附解吸行为及生物可利用性的影响［J］．环境化学，2010，29（5）：848-855.
[36] 秦淑平．不同利用方式下黄泥土中腐殖物质的组成、结构特征及其对有机污染物的吸附行为［D］．南京：南京农业大学，2005.
[37] 苏勇功．兰州市蔬菜主要产地耕层土壤中重金属含量的调查［D］．兰州：甘肃农业大学，2005.
[38] 粟银．硫酸锰渣污染土壤中重金属研究［D］．长沙：湖南大学，2008.
[39] 孙红文，张彦峰，张闻．生物炭与环境［M］．北京：化学工业出版社，2013.
[40] 孙铁珩，李培军，周启星．土壤污染形成机理与修复技术［M］．北京：科学出版社，2005.
[41] 王红旗，刘新会，李国学．土壤环境学［M］．北京：高等教育出版社，2007.

[42] 王济．贵阳市表层土壤重金属污染元素环境地球化学基线研究 [D]. 北京：中国科学院，2004.
[43] 吴瑞娟，金卫根，邱峰芳．土壤重金属污染的生物修复 [J]. 安徽农业科学，2008，36 (7)：2916-2918.
[44] 吴文铸．水溶性有机物对土壤中多环芳烃（菲）环境行为及植物吸收的影响 [D]. 南京：南京农业大学，2007.
[45] 吴香尧．耕地土壤污染与修复 [M]. 成都：西南财经大学出版社，2013.
[46] 武秀琦．西北黄土地区石油污染土壤生物修复影响因素研究 [D]. 西安：西安建筑科技大学，2007.
[47] 周东美，郝秀珍，薛艳，等．污染土壤的修复技术研究进展 [J]. 生态环境，2004，13 (2)，234-242.
[48] 周敏，王安群．土壤的重金属污染危害及防治措施 [J]. 科技信息（学术版），2006 (4)：120-121.
[49] 周启星，宋玉芳．污染土壤修复原理与方法 [M]. 北京：科学出版社，2004.
[50] 周尊隆，卢媛，孙红文．菲在不同性质黑炭上的吸附动力学和等温线研究 [J]. 农业环境科学学报，2010，29 (3)：476-480.
[51] 朱渝芬．毛竹林水文生态功能及其土壤肥力变化研究 [D]. 南京：南京林业大学，2007.

第 2 章
肥料对土壤的污染与防治

2.1 我国肥料利用情况

2.1.1 化肥使用现状

中国是全球农业生产大国，同时也是世界上最大的化肥消费国。长期以来，化肥投入对中国农业增产起到了举足轻重的作用，特别是在耕地资源紧张、人口众多、粮食安全压力突出的背景下，化肥高强度施用成为保障粮食产能的核心手段之一。然而，过量施肥也带来了资源浪费、土壤质量退化、水体富营养化等一系列生态与环境问题。为应对农业绿色转型的紧迫需求，中国自 2015 年正式启动“化肥使用量零增长行动”，提出通过技术集成与制度创新，在确保产量稳定的前提下控制化肥使用量，提升施肥效率。根据《2023 中国农业农村发展趋势报告》，2021 年全国化肥施用量为 5191 万吨（折纯量），较 2015 年减少 13.8%，并连续六年保持化肥施用量下降趋势，施肥结构得以优化。其中主要粮食作物如水稻、玉米的单位面积施肥量实现了负增长，标志着“控肥增效”初步见效。

当前中国化肥的平均利用率约为 40%，比 2015 年提升了 5 个百分点，但依然显著低于欧美发达国家 50%～60%的平均水平。氮肥利用率偏低仍是主要瓶颈之一，其损失途径包括挥发（以氨气和氧化亚氮形式进入大气）、淋溶（随降水进入地下水）和地表径流（形成面源污染）。磷肥在土壤中易被固定，与铁、铝、钙形成难溶化合物，降低其植物有效性；钾肥的迁移性较强，在砂质或贫瘠土壤中易流失。长期过量使用化肥会导致土壤养分不平衡、地力下降，进而形成对高投入施肥的依赖，构成“高投入—低效率—高风险”型农业系统。

从地理分布来看，中国不同区域的农业类型与施肥强度存在显著差异，部分地区的过度施肥问题尤为突出。华北平原地区以小麦-玉米轮作为主，是我国重要的粮食生产核心区，氮肥施用量普遍超出作物吸收能力 20%以上，形成“高残留、高流失”现象，导致地下水硝酸盐污染风险上升。长江中下游地区以水稻种植为主，磷肥施用量长期超标，某些典型区域稻田系统的磷肥投入量比土壤吸附能力高出 40%左右，不仅造成资源浪费，还加剧了水体富营养化。一些边远和干旱地区则展现出化肥高效利用的积极趋势。例如，宁夏通过推广滴灌水肥一体化技术，实现了水分与养分同步精准供应，使单位面积化肥施用量减少 20%以上，增产 10%以上，土壤养分利用效率显著提升。西部部分区域通过种植结构调整、有机肥替代与配方施肥的联合应用，也实现了施肥减量和环境压力下降的双赢局面。表 2-1 为不同作物类型的亩均化肥用量、利用率及主要问题统计。

表 2-1　不同作物类型的亩均化肥用量、利用率及主要问题统计

作物类型	亩均化肥用量/kg	利用率/%	主要问题
水稻	24.5	38	淹水导致氮挥发
设施蔬菜	68.3	28	连作障碍加剧养分失衡
苹果	45.6	32	果农盲目追求高产

2.1.2　有机肥推广进展

为推动农业绿色发展和化肥减量增效，近年来中央财政持续加大对有机肥替代化肥行动的政策和资金支持力度，在果、菜、茶等高附加值经济作物主产区开展大规模试点与示范推广。该项工作自“十三五”时期起持续推进，重点围绕提升耕地质量、改善农业生态环境和促进畜禽粪污资源化利用三大目标展开。根据农业农村部的统计数据，截至 2019 年，全国有机肥施用面积已经超过 5.5 亿亩（1 亩＝666.67 平方米），比 2017 年增加了 5000 万亩，其中果园、茶园、蔬菜保护地的替代率显著高于大田作物区，部分示范县（如福建安溪、山东寿光、四川蒲江）已形成“有机替代主导型施肥结构”。

尽管政策推动取得积极进展，但在实践中，有机肥的推广仍面临多方面瓶颈。一方面，有机肥在经济成本上的劣势仍较为突出。与合成化肥相比，有机肥单位养分含量低，通常需要更大的施用量才能满足作物养分需求，导致其单位面积施用成本普遍高出化肥 30%～50%。农产品加工环节存在标准体系有待健全、工艺流程有待进一步规范等问题，否则会导致产品质量参差不齐。与此同时，市场定价机制有待进一步完善，政策补贴调节的精准度有待提升，从而进一步提升农户参与意愿。另一方面，有机肥在施用后见效相对缓慢，其养分需经过微生物分解矿化后才能被植物吸收，常常在短期内难以体现增产效益，尤其是在需肥量大、周期短的蔬菜生产中，农户更倾向于选择速效型化肥。

2.2　肥料污染对土壤环境的危害

我国自 20 世纪中叶步入化学农业阶段以来，农业生产方式发生了根本性转变，逐渐摆脱传统农耕文明中以畜禽粪肥、作物秸秆还田和绿肥轮作为基础的生态循环利用体系，转而高度依赖以氮、磷、钾为主的工业化学肥料。这种以“化肥驱动”替代“自然循环”的农业发展路径，在初期确实显著推动了粮食产能的持续增长，帮助解决了亿万人口的温饱问题，特别是在“高投入、高产出”导向下，化肥被视为农业增产的“核心动力”。然而，在缺乏科学施肥制度和生态意识的背景下，化肥的施用在个别地区逐步由合理施用转向“越用越多”的惯性依赖模式，导致单位面积投入量远超作物实际需肥量，加之施肥方法粗放、忽视区域差异、结构配比失衡，形成了严重的资源浪费与环境污染问题。

事实上，化肥本质上是一种高效的农业生产资料，其合理施用不仅可以弥补土壤养分亏缺，改善作物营养状况，而且是实现稳产、高产不可或缺的重要技术措施之一。大量实证研究表明，科学施肥（如配方施肥、水肥一体化、控释肥应用）在提升作物产量、提高养分利用率方面具有显著效果。尤其是在土地资源有限的国情背景下，化肥仍将在未来农

业发展中发挥关键作用。然而，如果长期依赖甚至过量施用化肥，其负面效应也将逐步显现并积累。

2.2.1　化学肥料污染的土壤危害

随着现代农业生产的集约化程度不断提高，化肥（尤其是氮、磷、钾三大类无机肥料）施用量持续增加，并因此成为支撑我国农业产能稳定增长的重要物质基础。然而，近年来在化肥总用量居高不下的同时，化肥的实际利用率却未得到同步提升。这种“高投入、低产出”的施肥模式，不仅导致了资源的严重浪费，还构成了农业面源污染的重要来源，特别是氮肥和磷肥的损失通过径流和淋溶进入水体，引发水体富营养化，加剧农村水环境质量恶化，成为当前农业非点源污染防控的突出难题。

长期大量施用氮肥会对土壤生态系统造成深层次干扰，最典型的问题是土壤酸化趋势日益明显。氮素以铵态或硝态形式进入土壤后，在微生物的硝化作用下生成硝酸根，同时释放大量氢离子，导致土壤 pH 下降，形成酸性环境。土壤酸化进一步引发盐基离子流失，使得钙、镁、钾等营养元素逐渐减少，导致养分失衡、土壤肥力下降，甚至抑制作物根系正常发育。此外，酸性环境还会加速土壤中活性铝的溶出，形成铝毒害，不仅影响作物生长，还抑制有益微生物群体的活性与数量，加速土壤生物多样性的退化。在微生物层面，优势菌群逐渐萎缩，土壤微生态系统趋于简单化、失衡化，进而降低土壤的自净能力与碳氮循环效率。更严重的是，土壤酸化还增强了部分有毒重金属元素的活性与迁移性。如 Cd、Pb、Cr、Hg 和 As 等元素在酸性条件下更易从稳定形态转化为可交换态或可溶态，增加其被植物根系吸收的风险，最终通过食物链逐级累积，进入人体，构成潜在的健康威胁。近年来，某些地区发现农作物中镉超标、重金属污染超阈值等问题，均与过量使用氮肥导致的土壤酸化密切相关。与此同时，氮素流失不仅会通过硝酸盐淋溶污染地下水，还会以氮氧化物释放的形式造成温室气体排放与大气污染，进一步加剧农业环境负担。

长期施用磷肥也存在不可忽视的问题。部分工业磷肥产品中重金属杂质含量较高，特别是 Cd、Hg、As、Zn 等元素可随磷肥长期施用累积于耕地表层，导致耕地重金属污染隐患日益突出。其中以 Cd 污染最为典型，Cd 在酸性土壤中的溶解性增强，加速向作物吸收方向迁移，严重影响农产品安全和国际贸易。过量施用化肥叠加耕地复种指数高、轮作制度不规范等因素，使得土壤结构受损、团粒结构破坏、板结加剧，进一步降低了土壤通气性与保水能力，形成“死地”效应。此外，有机质分解加快，碳氮磷比例失衡，水、肥、气、热等土壤基本生态因子失调，造成农作物品质劣变，如口感差、香气淡、糖度低等。例如，20 世纪 70 年代某地出产的豌豆荚曾因其脆嫩甘香广受欢迎，而今虽形态完好，但质地纤维化严重，口感如嚼草；同样地，过去的莴笋尖叶一烫即熟，而今久煮不烂，均与土壤中有机质匮乏、有益微生物减少有关。

过量单一施用化肥不仅未能持续提升产量与质量，反而严重削弱了耕地资源的生产潜力与生态功能。为实现农业可持续发展，必须转变施肥理念，逐步构建“有机肥为基础、配方肥为主导、缓释肥为补充”的科学施肥体系，推动化肥减量增效与土壤质量提升协同推进，从根本上降低高投入带来的环境风险和质量隐患，重塑绿色、安全、高效的现代农业发展模式。

2.2.2　有机肥污染的潜在风险

2.2.2.1　抗生素与病原体传播

随着畜牧业规模化和集约化快速发展，大量养殖废弃物以“资源化利用”的方式回用于农业种植系统，尤其以猪粪、鸡粪等高氮高磷有机肥形式被广泛施用于农田。然而，由于抗生素在畜禽养殖中被广泛用作促生长剂和预防性药物，多数未被完全代谢的抗生素残留通过粪尿排出体外，进入农用粪肥体系，使抗生素污染问题日益严峻。研究表明，这些未处理或处理不彻底的粪肥中残留的抗生素种类繁多、浓度水平较高，主要包括四环素类（如土霉素、金霉素）、磺胺类（如磺胺甲噁唑）、喹诺酮类（如恩诺沙星、环丙沙星）等，其残留浓度常达100～500μg/kg，远远高于自然土壤的背景值（通常＜10μg/kg）。这类抗生素进入土壤后，不仅对微生物群落产生直接毒性作用，更通过持续的选择性压力诱导和富集抗性微生物群体，导致抗生素抗性基因（antibiotic resistance genes，ARGs）在环境介质中高频率地出现与扩散。

ARGs的扩散不仅局限于单一微生物种群内部，而是通过水平基因转移机制在多个菌群间广泛传播，其主要路径包括质粒介导的转移、转座子的跳跃复制、整合子结构的交换等。与单纯施用化肥的农田相比，施用畜禽粪肥的农田中ARGs的相对丰度可高出3～5个数量级，尤其以四环素抗性基因（*tet*）、磺胺类抗性基因（*sul*）和喹诺酮类抗性基因（*qnr*）为主要富集对象。此外，研究还发现粪肥施用不仅提高了ARGs本身的丰度，也提高了ARGs与移动遗传元件（MGEs）的共存频率，进一步增强了其在微生物群落中的传播能力和持久性。长期如此，土壤系统可能演变为“抗性基因库”或“抗性传播中介”，为抗药性病原体的环境起源提供“温床”。

更为严峻的是，粪肥中残留的抗生素和抗性菌的输入不仅停留在土壤系统，还可能通过多种途径进入农产品与水体等其他环境介质中，从而对人类健康构成潜在风险。其中，部分人畜共患病病原菌（如大肠埃希菌O157：H7、沙门菌等）可在富营养化、有机质充足的农田土壤中存活和繁殖，并通过雨水径流、灌溉回流或直接附着于农作物叶面，进入食物链。田间试验表明，未经充分腐熟处理的鸡粪施用于生菜田后，沙门菌在生菜样本中的检出率高达78%，且其对多种常用抗生素（如青霉素、氨苄西林、头孢菌素）的耐药率由原先的12%显著上升至56%，显示出强烈的环境诱导耐药性效应。这不仅增加了农业生产过程中的食品安全隐患，还可能通过人类的摄食途径引发消化道感染、耐药菌传播等问题，最终对公共卫生系统造成冲击。

此外，抗生素与ARGs在土壤-水体-作物系统中的长期积累与循环传播可能对整个农业生态系统产生深远影响。一方面，抗生素残留会破坏土壤微生物多样性与功能稳定性，抑制有益菌群生长，降低土壤自净能力与养分转化效率；另一方面，ARGs的环境蓄积和传播增强了抗性病原体与环境病原微生物之间的遗传融合风险，加剧“环境—作物—人群”之间的抗性传播链条。因此，亟须从源头加强畜禽养殖环节中抗生素使用的规范与替代，推动粪肥处理工艺（如高温堆肥、厌氧发酵、生物强化降解）升级，同时建立粪肥产品抗生素与ARGs的环境风险评估机制。唯有建立涵盖“养殖—处理—施用—监管”的全链条控制体系，才能有效降低抗生素及其抗性基因在农田系统中的扩散风险，保障土壤生态安全与农产品质量安全。

2.2.2.2　次生盐渍化与土壤退化

有机肥作为绿色农业的重要组成部分，在调节土壤结构、提高肥力、补充有机质等方面具有不可替代的作用。然而，若有机肥未经过充分腐熟处理，其施用可能对土壤环境造成一系列不利影响，特别是在盐分积累方面。未经腐熟的畜禽粪便（如羊粪、牛粪）中通常含有大量的水溶性无机盐，尤其以钾离子（K^+）和钠离子（Na^+）为主。这些离子在土壤中极易积聚，尤其在干旱、蒸发强烈或排水不畅的地区，过量施用此类原始粪肥将显著提高土壤电导率（electrical conductivity，EC）和钠吸附比（sodium adsorption ratio，SAR），引发次生盐渍化问题，严重干扰农田生态稳定性与作物正常生长。

以某典型棉田为例，连续3年施用未经高温堆肥处理的羊粪导致耕层土壤EC值由1.2mS/cm上升至2.4mS/cm，SAR值翻倍至9.6，显示土壤中可交换钠含量急剧升高。这种高钠环境破坏了土壤的团粒结构，造成土壤物理性状恶化，包括板结加剧、孔隙度下降、水分渗透速率降低等，从而削弱了棉花根系对水分和养分的吸收能力。实地监测数据显示，棉苗早期死亡率由原先的5%上升至20%，棉花产量随之下降30%～45%，经济损失显著。这类“盐胁迫”效应在苗期尤为明显，表现为根系发育迟缓、叶片发黄萎蔫、生长停滞等症状，严重影响棉田可持续生产能力。

除了对植物生理产生抑制作用外，盐分积累还对土壤微生物群落结构和功能产生深远影响。在高盐环境下，微生物多样性明显降低，特定功能菌群受到抑制，尤其以硝化细菌最为敏感，其数量与活性普遍下降70%左右，导致硝化速率减缓，氮素有效性下降。同时，土壤中的反硝化过程被强化，特别是在通气性差、还原条件增强的情况下，反硝化细菌利用硝酸盐产生更多的氧化亚氮（N_2O），这种具有高全球增温潜能值（GWP）的气体排放量比常规处理农田增加了2.3倍，加剧了农业系统对气候变化的负面影响。此外，土壤盐分还可能与农药、重金属等污染物协同作用，增加其在土壤中的迁移性和生物可利用性，从而间接提高污染风险。

需要指出的是，未腐熟有机肥盐分含量的波动性大，除原始粪便中的离子成分外，还受到饲料配比、添加剂使用和粪便水分含量等因素的影响。一些快速堆制、未达高温或未完成腐熟过程的有机肥，甚至还携带病原菌、杂草种子、抗生素残留和抗性基因，对土壤与作物构成额外威胁。因此，为确保有机肥的环境安全性和施用效果，必须加强粪肥无害化处理与腐熟的标准化管理，特别是在盐渍化敏感区域或作物耐盐性差的种植系统中，更应严格控制有机肥的来源、施用剂量与施用频次，避免由“绿色投入”转化为“次生污染”。

未充分腐熟的有机肥虽可在短期内提供一定的养分，但其潜在的盐分胁迫与环境风险不容忽视。在农业可持续发展的背景下，应加强有机肥施用的全过程监管与科学指导，推动高温堆肥、水盐分离、微生物强化处理等技术在农业生产中的广泛应用，实现有机资源的真正绿色循环利用，避免其在田间应用中对土壤生态系统和作物健康造成长期不利影响。

2.2.2.3　重金属与微塑料污染

随着畜牧业产业化水平的提高，为提升生长速度、改善饲料转化率并增强动物抗病能力，工业饲料中普遍添加了铜、锌等微量元素制剂。然而，这类金属元素在动物体内的吸收率较低，大部分以未代谢形式经粪便排出，导致畜禽粪污中重金属含量显著升高。长期大量施用此类富含铜、锌、铅、镉、砷等重金属的粪肥，会导致重金属元素在农田土壤中持续累积，特别是在有机质丰富、pH 偏低或排水不良的环境中，其生物有效性不断增强，从而被植物根系吸收并富集于可食用部位。一旦进入食物链，这些重金属极易在人体内富集，对肝脏、肾脏等代谢和排毒器官造成损伤，增加癌症、肾功能障碍、神经系统病变等健康风险，已成为当前农产品安全与人群慢性暴露问题的重要隐患。

不仅如此，养殖环节管理不当还会引入另一类环境污染因子——微塑料。在饲养过程中，塑料包装袋、饲料编织袋、塑料绳索以及塑料薄膜等常见农用塑料制品容易破损并混入粪污体系，而未经筛选或处理的原始粪便在制成有机肥后，这些微塑料碎片（粒径小于5mm）便随同施肥进入农田土壤中。微塑料作为一种新污染物，具有稳定性强、不易降解和粒径微小等特征，能够在土壤环境中长期滞留并广泛迁移。其对土壤物理结构产生破坏作用，包括堵塞毛细孔隙、降低土壤通气性、削弱水分传导功能等，从而影响植物根系吸收能力与土壤水肥调控性能。

在微生物层面，微塑料表面附着的添加剂（如增塑剂、稳定剂、阻燃剂）可能释放出持久性有毒物质，对土壤微生物群落产生抑制效应，改变其多样性与功能结构，特别是抑制某些关键的营养转化菌群（如氨氧化细菌、反硝化细菌）的活性，影响土壤氮循环与有机质分解速率。更为严重的是，已有研究表明，微塑料可能成为抗生素抗性基因（ARGs）和病原微生物的“载体”，其表面形成的生物膜可促进微生物在土壤中的传播与交换，进而放大抗性传播风险。此外，部分微塑料在植物生长过程中被根系吸收，经地上部富集后进入果蔬类作物体内，从而通过食物链进入人体，诱发潜在的生殖毒性、内分泌干扰及免疫系统损伤等健康问题。

因此，无论是重金属还是微塑料，其通过养殖废弃物在农田中的输入和积累，均已对土壤生态安全构成威胁，并引发了农产品质量安全、生态功能退化及人体健康暴露等多维度问题。针对当前问题，亟须加强养殖环节的饲料添加剂管理与限量标准制定，规范畜禽粪污的收集、处理与产品质量控制，特别是重金属限值与塑料异物筛选制度的强制执行。同时，应加快研究微塑料在农田系统中的迁移机制、生物毒性路径及风险评估方法，为制定有针对性的监管措施和治理技术提供科学支撑，推动畜禽粪肥从“资源利用”向“安全利用”转型，实现农业绿色可持续发展。

2.2.2.4 温室气体排放加剧

在推动农业绿色转型和有机肥替代化肥的背景下，有机肥作为可再生、环境友好的养分资源，越来越多地被用于替代化学肥料以改善土壤结构、提升土壤有机质水平和提高农产品品质。然而，有机肥的环境效益并非单向正向，其分解过程本身伴随着强效温室气体的排放，特别是甲烷（CH_4）与氧化亚氮（N_2O），对全球气候变化具有显著影响。甲烷是第二大温室气体，其单位质量温室效应是二氧化碳（CO_2）的约 28 倍，而氧化亚氮则更为剧烈，其全球增温潜能值（GWP）约为 CO_2 的 265～298 倍，且具有长达百年的大气寿命。因此，来自农业系统的 CH_4 和 N_2O 排放成为当前全球温室气体减排行动中的重点关注对象。

在有机肥施用情境下，这些气体的排放量因土壤类型、水分状况、施肥方式以及有机肥腐熟程度等因素的不同而变化显著。以稻田系统为例，由于其常年处于淹水状态，土壤呈强还原条件，施入新鲜有机肥后，易在缺氧环境中发生厌氧分解，促进产甲烷菌的活动，从而显著提高 CH_4 排放通量。已有研究表明，在常规水稻种植区施用未经腐熟的猪粪或牛粪，可导致 CH_4 年排放量增加 2～3 倍，显著高于只施化肥或施腐熟堆肥田块的排放水平。而在旱地土壤中，尽管甲烷排放风险较低，但氧化亚氮的释放则成为主导问题。N_2O 的生成主要由土壤中的硝化与反硝化过程驱动，当土壤中氮素含量较高、有机碳丰富且含水量处于适宜范围时，微生物活性增强，反硝化细菌群快速作用，将硝酸盐还原为 N_2O。在这种情境下，施用有机肥的旱作农田，其 N_2O 排放通量往往比不施肥或仅施化肥的地块高出 50%～100%，尤其在降雨后或灌溉后更为显著。

上述温室气体的释放，在一定程度上抵消了有机肥通过增加土壤碳库所带来的“固碳减排”潜力。虽然施用有机肥有助于提升土壤有机碳含量，增强碳汇功能，理论上有益于全球碳平衡，但其在分解和氮转化过程中的 CH_4 与 N_2O 排放却可能转化为“碳源”，从而削弱其净环境效益。特别是在水稻双季种植区、设施蔬菜高投入区和频繁轮作系统中，这种“温室气体释放-碳固定”之间的权衡关系更为复杂，亟须科学评估与优化。

因此，在推广有机肥的过程中，应充分考虑其温室气体排放风险，探索更加环保、高效的管理路径。一方面，应优先推广腐熟程度高、含水量适中的有机肥产品，减少易于厌氧分解的未处理粪肥的施用；另一方面，应结合控水灌溉、深施覆土、添加生物抑制剂等技术措施，控制有机肥引发的 CH_4 与 N_2O 排放。此外，建立涵盖碳汇、温室气体排放、土壤质量与作物产量的综合评估体系，是实现有机肥环境效益最大化、推动低碳农业发展的关键方向。

2.3 肥料污染的防治技术

2.3.1 源头减量技术

2.3.1.1 精准施肥技术

精准施肥技术作为现代农业绿色增效的重要路径，近年来在我国农业主产区逐步推广开来。该技术依托土壤养分检测、作物需肥规律、生长周期模型以及遥感信息等多源数据，按照“缺什么、补什么，缺多少、补多少”的原则，为不同地块、不同作物乃至同一地块不同区域制定科学、个性化的施肥方案。通过提升肥料投入的科学性和针对性，精准施肥不仅有效降低了化肥资源浪费，还显著改善了土壤环境、提升了作物产量与品质。据农业农村部统计，全国已累计开展精准施肥服务面积达 19 亿亩次，平均可减少化肥使用量 10%～15%，成为落实“化肥减量增效”行动和“藏粮于地”战略的重要技术支撑。

在典型实践案例中，黑龙江省大豆种植区通过大面积推广土壤养分快速检测与配方施肥技术，显著提升了施肥效率。对比数据显示，该区域在应用精准配方施肥后，氮肥利用率由传统施肥模式下的 32%提升至 45%，不仅提高了氮素吸收效率，还使得土壤中残留氮素显著下降，降低了硝酸盐淋溶风险。同时，通过与农机深施结合，大豆产量也相应提高了 6%~10%。在华北平原和黄淮海小麦-玉米轮作区，基于“3414”试验数据构建的施肥模型已实现村级定点推荐，配方肥替代通用复合肥，进一步压缩了单位肥料投入，提高了单位面积产出效益。

在施肥装备方面，我国农业智能化水平不断提升，自主研发的变量施肥系统日益成熟。多家农机制造企业已实现基于北斗导航、光谱传感与作物生长监测的实时变量施肥装备集成，该系统可对作物生育期、冠层反射率与植株健康状况进行实时感知，结合预设施肥模型自动调节肥料喷头开启频率与施用量，实现“随需而施”的精准调控。实测数据显示，该类智能施肥设备的施用误差控制在5%以内，远优于人工操作的均匀性与准确性。在新疆棉田中，采用无人机搭载变量施氮装置，根据棉株长势与地块差异性分区管理，亩均氮肥施用量减少18%，同时单产提升6%，实现减肥增效双目标，有效缓解了棉区氮素过量施用带来的土壤酸化与地下水污染问题。

此外，精准施肥技术还可与物联网、大数据平台、农业气象服务等深度融合，构建“云-端-田”一体化的智慧农业体系，实现“测—配—施—管—评”全流程数字化闭环管理。在农业高质量发展的新阶段，精准施肥技术不仅是实现耕地保护与提质增效的关键手段，也是构建资源节约型、环境友好型农业生产体系的核心支撑。因此，未来应加大技术集成推广力度，健全土壤-作物-环境多维数据库，推动从“经验施肥”向“数据驱动、算法调控”全面转型，真正实现农业生产从粗放式管理迈向精准化、智能化和可持续发展的新阶段。

2.3.1.2 新型肥料替代

在推动化肥减量增效和农业绿色转型的过程中，缓控释肥料与微生物肥料等新型肥料正发挥越来越重要的作用。缓控释肥主要通过包膜、包被、嵌合、脲醛缩合等技术手段控制养分释放速率，使肥料中氮、磷、钾等有效成分与作物的吸收需求更匹配，从而显著提升肥料利用率，减少环境负荷。其中，包膜型缓释肥通过聚合物、硫黄等材料包裹肥料颗粒，能够在一定温湿度条件下逐渐释放养分，显著降低施肥后早期的淋失与挥发风险。大量田间试验表明，与常规肥料相比，缓控释肥可减少氮素淋失30%～50%，降低地表水与地下水中硝酸盐污染风险，特别适用于种植周期较长、施肥频次受限的作物系统（如玉米、果树和设施蔬菜等）。

尽管缓控释肥的单价较传统复合肥高出约20%，但综合成本收益分析显示，其在作物增产、养分高效利用、节省人工和环境效益方面具有较大优势。以东北地区玉米田为例，试验数据显示，在相同总施肥量条件下，采用缓控释肥可使玉米单产提高6%～10%，并显著减少追肥次数与人工成本，综合收益提升约15%。此外，缓控释肥释放期的可调控性也为精准农业提供了良好接口，适用于与滴灌、水肥一体化等技术联用，实现智能调控下的同步释放与精准吸收。

与此同时，生物肥料作为另一类绿色替代型肥源，也在农业生产中得到快速发展。微生物肥料（biofertilizers）是指含有特定有益微生物的肥料制剂，这些微生物能够通过固氮、解磷、解钾、促生长等机制增强土壤养分有效性与作物吸收效率，部分菌剂甚至具备改良土壤结构、调节根际微生态、抑制病原菌等综合功能。其中，固氮菌（如根瘤菌、自由固氮菌）、解磷菌（如解磷芽孢杆菌）、解钾菌等在多种作物上已显示出替代部分化肥的潜力。根据2023年的统计数据，全国微生物肥料市场规模已突破500亿元，成为新型肥料产业的重要组成部分。研究与实践均表明，合理使用微生物肥料可替代20%～30%的化肥，在减少施肥压力的同时提升作物品质与土壤健康水平。

山东寿光作为设施农业发展的典范，其在番茄大棚中广泛应用菌剂类微生物肥料，通过根际施入复合固氮解磷菌种组合，不仅提高了土壤养分的有效性，还有效缓解了硝态氮在果实中的富集问题。实地监测表明，与常规施肥处理相比，施用菌肥后番茄果实中硝酸盐含量下降约40%，产品安全性显著提升，且植株生长更健壮、抗逆性增强。此外，微生物肥料的推广还促进了土壤微生态的恢复，改善了长期依赖化肥所导致的土壤板结、有机质下降和微生物群落失衡等问题。

缓控释肥与微生物肥料作为当前农业施肥领域的重要绿色技术路径，不仅为实现化肥减量提供了技术支撑，也为提升农业资源利用效率与生态环境质量构建了新型解决方案。未来应加强新型肥料的品种研发、适宜性评价与推广机制构建，推动其与精准施肥、土壤调理剂、水肥一体化等集成应用，加快现代农业绿色化、智能化发展步伐。

2.3.2　过程控制技术

2.3.2.1　水肥一体化

在现代农业集约化与绿色高效发展的背景下，水肥一体化技术因其高度融合灌溉与施肥功能，被广泛应用于节水、节肥和提升作物产量与品质等方面。该技术通过建立滴灌或微喷系统，将水溶性肥料按照作物不同生育期的需水需肥规律溶解于灌溉水中，直接输送至作物根系附近，实现“水-肥-根”的高效耦合，从而显著提高养分利用效率和灌溉精准度。相较于传统漫灌与撒施施肥模式，水肥一体化可使氮肥、钾肥等养分的利用率从常规水平的 30%～40%提高至 60%～70%，有效减少养分损失与土壤残留，尤其适用于水资源紧张、土壤质地差异大和作物需肥敏感度高的地区。

在我国西北干旱半干旱地区，水肥一体化技术的应用效果尤为显著。如甘肃、宁夏、新疆等地的苹果、葡萄、枸杞等果园普遍采用滴灌带加施肥器系统，配合合理施肥方案后，不仅节水效果明显，可减少灌溉用水量 30%～50%，还使化肥使用量平均减少了 25%，同时作物单产提升幅度达 10%以上。滴灌施肥的优势还体现在减少地表径流和蒸发损失、降低农田盐渍化风险、改善作物根际微环境等方面，有助于维护耕地质量与生态稳定性。

随着数字农业与物联网技术的快速发展，智能化水肥一体化控制系统逐渐在全国推广应用。该系统集成了土壤湿度传感器、气象站、作物需水模型、施肥泵控制器等硬件装置，并通过物联网平台实现实时监测与远程控制，能根据作物需水指标与土壤实时水分含量自动调节灌溉与施肥策略，实现按需、适时、适量精准供给，减少人为经验施肥带来的不确定性与过量施用问题。在云南某大型花卉产业基地，通过部署智能水肥一体化系统与物联网平台，结合历史数据建模和动态调控机制，每年节约肥料约 80 吨，节水 2.5 万立方米，直接节省肥料成本达 120 万元，极大提高了农业经济效益与资源利用效率。

此外，智能水肥管理系统还能与农事管理平台对接，实现作物种植全过程数字化记录，为农业决策提供数据支撑。在设施农业中的蔬菜、果蔬标准化基地建设等方面，水肥一体化系统与信息化技术融合的前景广阔。特别是在“双碳”战略背景下，该技术因能显著减少氮素挥发与氧化亚氮排放，且具有良好的减排效应，成为实现农业绿色低碳转型的有效手段。

水肥一体化与智能控制系统的集成应用，标志着我国农业施肥技术由粗放管理迈向精准调控的新阶段。未来应继续加强该技术的区域适应性优化、系统集成创新与运维成本控制，同时完善配套的政策激励机制与农户培训体系，推动其在更多作物、区域及种植模式中的推广与落地，从而实现农业用水用肥“双控”目标，为我国农业高质量发展提供技术保障与路径支撑。

2.3.2.2　有机肥安全施用

高温好氧发酵技术作为畜禽粪污无害化处理和资源化利用的重要手段，近年来在农业绿色发展实践中得到广泛应用。该技术通过人为调控堆肥环境中的温度、湿度、通气量和碳氮比，在堆体内部形成75℃以上的高温条件，并维持至少7天的稳定发酵周期，可有效杀灭粪便中的常见病原体（如大肠埃希菌、沙门菌、禽流感病毒等）、寄生虫卵及抗生素抗性菌群，从而显著提升粪肥的卫生安全性和农业应用可靠性。研究表明，经过高温好氧发酵处理后，有机肥中90%以上的抗生素残留（如土霉素、金霉素、恩诺沙星等）可被有效降解或转化，极大地降低了抗生素抗性基因（ARGs）在农田环境中的传播风险。此外，该工艺还可显著降低粪污体积和臭气排放，实现畜禽养殖废弃物的资源化转变，是推动"变废为宝"理念落地实施的重要技术支撑。

除单一处理技术外，构建"种养结合、循环利用"的生态农业模式已被视为解决粪污处理与土地承载之间矛盾的系统解决方案。在我国南方丘陵区与果蔬种植区，基于当地资源禀赋发展起来的"猪—沼—果"模式即为典型代表。该模式通过将养猪场粪污经厌氧发酵制成沼液和沼渣，前者用作果园液体肥料灌溉，后者作为土壤有机质改良剂还田，不仅实现了养殖废弃物的就地资源化利用，还有效提升了果园土壤的有机质含量与团粒结构稳定性，增强了其保水保肥能力。四川多个柑橘、李子、葡萄种植区的实践表明，按照"1头猪年产粪污约2吨，可供应1亩果园全年有机肥需求"的配置标准，完全可以覆盖果园种植对有机营养的需求。在该模式下，果农对化肥的依赖度明显下降，平均可减少化肥投入50%左右，不仅降低了生产成本，还减少了氮素淋失和磷素富集等面源污染问题。

更为重要的是，该类种养循环体系不仅优化了养殖与种植的空间配置关系，还推动了农村清洁能源的利用与农业生态系统的闭环运行。通过将沼气作为日常生活用能和小型农业机械动力的来源，可有效替代传统煤炭或柴草燃料，减少碳排放，为实现农业"双碳"目标提供了现实路径。种养循环系统内的营养物质闭合循环，也增强了农业系统的内生稳定性与抗风险能力，符合绿色、生态、高效的现代农业发展理念。因此，推广高温好氧发酵与区域种养循环联动，不仅具有重要的环境效益和经济效益，而且将在推进农村生态振兴和农业可持续发展方面发挥重要作用。为此，建议加强财政引导、技术培训和机制设计，推动该类模式的标准化、规模化与产业化发展，构建多元高效的绿色农业新格局。

2.3.3 末端修复技术

2.3.3.1 土壤酸化修复

在我国南方大部分地区，由于强降水、长期单一施肥及母质风化特征等因素的叠加作用，土壤普遍表现出强酸性特征，pH值偏低、有毒离子活性高、养分有效性差，这严重制约了耕地质量的持续提升与农作物产能的稳定发挥。在此背景下，采取科学合理的土壤调理与改良措施，对缓解酸化趋势、修复土壤退化、提升耕地综合生产能力具有重要意义。当前，在南方酸性土壤广泛分布区，尤其是红壤带、中亚热带丘陵区等典型区域，生石灰与生物炭作为两种具有代表性的物理化学调理材料，在土壤酸碱调控、有毒离子钝化、结构改善等方面显示出良好效果，逐步形成了一套较为成熟的耕地修复技术体系。

生石灰（CaO）是一种高效的强碱性土壤调理剂，其主要通过与土壤中游离的氢离子（H^+）发生中和反应，从而直接提高土壤pH值，削弱酸性环境对植物根系的伤害，特别是在酸度显著超标的土壤中具有"立竿见影"的调酸效果。大量农业生产试验和研究结果表明，生石灰不仅能提升耕层pH值，还可显著降低交换性铝与锰的活性水平，从而减轻铝毒和锰毒引发的根系腐烂、作物矮化、黄化等症状，增强作物根际养分吸收能力与抗逆性。该技术在南方水稻、甘蔗、茶叶、柑橘等作物主产区中已广泛推广应用，具有成熟的操作规范和技术参数。然而，生石灰的调酸效果通常具有短期性，其作用易受到降雨冲刷影响而衰减，导致土壤 pH 值回落较快，长期应用还可能引发土壤结构破碎、微生物群落紊乱等次生生态问题。因此，在追求调酸效率的同时，应注重与中长期土壤改良手段相结合，构建综合调理系统。

近年来，生物炭因其对土壤物理结构、化学反应性和生物生态功能的多重优化作用，被视为酸性土壤治理的重要补充与升级路径。生物炭是一种在热解条件下由生物质原料（如农作物秸秆、林业剩余物、畜禽粪便等）炭化形成的富碳材料，具有比表面积大、孔隙结构丰富、表面带有多种官能团等特征，在调控土壤 pH 值、吸附有毒金属、保水保肥和促进有益微生物繁殖等方面效果显著。其调理作用不仅具有持续性和缓释性，还具有良好的环境友好性。在典型南方红壤和黄壤区，合理施用 $10\sim20t/hm^2$ 的秸秆炭，不仅可以显著缓解土壤中活性铝离子的毒性压力，还能显著提高土壤有机碳含量与微生物数量，进而推动土壤结构重构与生态功能恢复。此外，生物炭可作为缓冲剂，延长石灰调酸效果，减少反复施用石灰所带来的资源浪费与土壤扰动。

在经济适用性方面，尽管生物炭在初始投入上高于普通调理剂，其单价为 300～500 元/t，但其在土壤中的残存期可达 5～10 年之久，具有“一次施用、长期见效”的经济优势。特别是在连作重茬、地力透支严重的酸性耕地中，生物炭不仅可作为改善土壤理化性质的材料，还兼具微生态调节功能，有利于建立健康可持续的土壤生态系统。此外，在实际推广过程中，生物炭常与有机肥、生石灰、磷矿粉等材料复配使用，构建“速效＋长效”复合调理机制，以实现土壤 pH 值调控、毒素钝化和养分管理的多重目标协同。

综上所述，生石灰与生物炭作为酸性土壤改良的重要材料，分别在快速调理与长期修复方面展现出独特优势，是当前酸性耕地治理不可或缺的关键技术工具。未来应结合区域地理条件、作物类型与土壤特性，进一步完善调理材料配比与施用模式，推动该技术从分散式应用向系统性集成演化。同时，应加强对南方典型酸性土壤的分区调查与适宜性评估，建设区域性技术数据库与示范工程平台，推动酸性耕地由“应急治理”向“系统修复”和“功能提升”转型，为农业绿色高质量发展与生态环境协同治理奠定坚实基础。

2.3.3.2 重金属钝化

在重金属污染土壤的修复过程中，钝化剂的应用被广泛认为是一种有效且可操作性强的稳定化技术，其核心作用在于通过物理吸附、化学配位、沉淀反应或离子交换等机制，降低土壤中重金属的活性与生物有效性，从而减缓其在植物体内的吸收转运路径与生态暴露风险。钝化剂的使用并不直接移除污染物，而是通过改变其在土壤中的赋存形态，使重金属由可溶态或交换态等活性较高的形态，转变为更为稳定的碳酸盐结合态、铁锰氧化物结合态或残渣态等难以迁移或被生物利用的形态。通过这种过程，土壤中重金属的环境可迁移性显著降低，从而有效控制其对地下水、植物系统以及土壤微生物群落的潜在威胁。

不同类型的钝化剂在土壤体系中表现出差异化的修复机制和功能作用。有机类钝化剂如腐殖酸、生物炭等因其表面富含官能团，能与重金属离子形成稳定配位结构，同时改善土壤团粒结构与保水保肥能力，有利于增强土壤微生态的稳定性；无机类钝化剂如磷酸盐、硅酸盐、石灰等，主要通过调节土壤 pH 值或与重金属离子发生沉淀反应，生成不溶性化合物，从而显著削弱重金属的环境活性。此外，部分矿物基材料如膨润土、沸石等具备优良的离子交换性能与孔隙吸附能力，可有效截留土壤中的重金属离子，延缓其在土壤-

植物系统中的迁移转化过程。近年来，复合型钝化剂的研究与应用也成为修复技术的重点方向，通过有机与无机组分协同作用，既能发挥对重金属的稳定固定功能，又兼顾土壤理化性质和作物生长环境的综合改善。

钝化修复技术因施工简便、成本可控、对土壤结构破坏性小等优势，在农田污染治理、矿区复垦与城市边缘受损土地修复中得到了广泛推广。然而，其修复效果的持久性受到诸多因素影响，包括钝化剂的选择与投加方式、土壤性质（如 pH 值、阳离子交换量、有机质含量等）、重金属类型与浓度，以及外界气候与水文条件等。因此，钝化修复工程需结合具体区域污染特征，科学选配钝化材料，开展现场试验与长期监测，才能实现重金属污染治理与土壤环境功能恢复的双重目标。同时，为防范潜在的“钝化再活化”风险，应同步配套生态种植管理、地表径流控制等辅助措施，建立多元化、动态化的钝化修复调控体系，以确保治理成效的环境安全性和可持续性。

案例：某块镉污染稻田施用硅钙肥后，稻米达标率从 65%升至 92%。不同类型钝化剂的作用机制及修复效果对比见表 2-2。

表 2-2 不同类型钝化剂的作用机制及修复效果对比

钝化剂类型	作用机制	修复效果
海泡石	吸附镉、铅	有效态降低 50%～70%
磷酸盐	固定镉为磷酸镉	稻米镉含量下降 60%

2.3.3.3 微生物修复

在土壤改良与农业绿色发展的过程中，功能微生物菌剂作为生物技术与土壤生态工程融合的重要手段，因其高效、生态、安全等特点，受到广泛关注并得以实践推广。功能菌剂是指具有特定生理代谢能力，能够参与养分转化、毒性物质降解或土壤理化性质改善的微生物制剂，包括丛枝菌根菌剂（arbuscular mycorrhizal fungi，AMF）、固氮菌、解磷菌、解钾菌及耐盐抗逆菌等。通过调节作物根际微环境、增强作物营养吸收能力与逆境胁迫适应性，功能菌剂已成为替代部分化学肥料、提升作物产量与品质的重要手段。

丛枝菌根菌剂（AMF）是土壤中广泛存在的一类有益共生真菌，能够与 90%以上的陆生植物根系建立互利共生关系。AMF 通过形成外生菌丝网络延伸至根系之外的土壤区域，显著扩大植物根系的有效吸收面积，从而提高对磷、锌、铜等低迁移性元素的吸收效率，尤其在低磷胁迫或磷素固定性强的土壤中具有重要作用。研究表明，接种 AMF 可使作物磷素吸收效率提高 20%～30%，显著促进植株生长发育，提高作物产量。田间试验数据显示，在磷肥用量不变或适当减少（约 20%）的情况下，通过接种 AMF 可实现同等甚至更高的产量水平，达到以菌代肥、以菌促生的效果，对减缓化肥依赖与磷素资源枯竭风险具有积极意义。

除 AMF 外，耐盐功能菌剂在盐碱地治理方面的应用也显示出巨大潜力。在我国北方典型盐碱土区域，如内蒙古、黑龙江、甘肃等地，通过施用以芽孢杆菌（*Bacillus* spp.）等为代表的耐盐菌剂，不仅可提高作物耐盐抗逆性，还能通过微生物代谢过程分解可溶性盐分、固定钠离子、改善土壤离子平衡，有效降低土壤电导率（EC）。实践表明，在盐碱地施用耐盐菌剂 1～2 个作物季后，耕层土壤 EC 值平均降低 15%～30%，土壤团粒结构显著改善，有效提升了作物种植条件。在内蒙古巴彦淖尔地区的向日葵种植试验中，施用耐盐菌剂的地块出苗率由对照组的 52%提高至 87%，提高幅度达 35%，同时苗期长势均匀、根系发达，表现出良好的抗盐胁迫能力。

此外，功能菌剂的施用还对土壤微生态结构产生积极影响，能够增强土壤微生物多样性，改善根际菌群组成，促进有益微生物定植，从而抑制病原菌扩散，增强植物免疫防御能力。部分菌株如地衣芽孢杆菌还具有诱导植物系统抗性、产生促生激素（如吲哚乙酸、赤霉素）的能力，可进一步增强植物对干旱、盐碱、重金属等非生物胁迫的适应性。

功能菌剂在提升作物养分利用效率、缓解土壤盐碱障碍、改善土壤结构和增强植物抗逆性方面具有多重生态功能，是推动农业可持续发展的重要生物投入品。未来应进一步加强对区域性微生物资源的挖掘与筛选，推动功能菌剂与土壤改良剂、有机肥、精准施肥等技术的集成应用，并建立长期定位监测机制，以实现功能菌剂从试验应用到大田推广的科学转化，为构建高效、低碳、绿色农业提供强有力支撑。

2.3.4 工程与生态协同技术

2.3.4.1 生态拦截系统

在农业面源污染防控和区域生态系统恢复中，缓冲带与人工湿地等生态工程措施被广泛认为是构建农业生产与环境保护协同发展的关键技术路径。农田缓冲带（buffer strips）是指在农田与水体之间人工设置的植被带，通过生物拦截、过滤、沉降等机制，减少地表径流中氮、磷等养分及农药、悬浮颗粒物等直接进入水体，从而实现水质保护和生态修复的双重目标。常见的缓冲带植物包括芦苇（*Phragmites australis*）、香根草（*Chrysopogon zizanioides*）、水葱、莎草以及其他耐湿、根系发达的多年生草本植物，这些植物不仅具备较强的根际固定与吸附功能，还能够通过对氮素的同化吸收，降低农业排水中的氮、磷浓度。实地研究表明，在排水沟渠或坡地农田边缘种植2～5m宽的复合型缓冲带可拦截60%～80%的氮、磷流失，有效抑制农业面源污染向河流湖泊扩散。

以太湖流域为例，该地区因种植密集、化肥使用强度大、水网密布，农业面源污染问题尤为突出。为缓解水体富营养化趋势，当地在典型农田与入湖河道之间建立生态沟渠和植被缓冲带，通过设置沉淀池、生物滞留带和人工湿地等复合结构，实现氮、磷的多级削减。监测数据显示，生态沟渠建设使得进入太湖的总氮负荷削减率达到25%以上，有效降低了蓝藻暴发频次，改善了水体透明度与生态稳定性。此外，在雨季期间，缓冲带还能削减径流峰值，减缓水流速度，提升雨水入渗率，从而有助于区域小气候调节与土壤水分保持。

除缓冲带外，人工湿地系统作为另一类高效的农业尾水处理设施，在削减氮、磷污染方面发挥着重要作用。人工湿地是模拟自然湿地功能而构建的生态系统，通常由水体、基质、水生植物（如芦苇、香蒲、菖蒲、浮萍等）和微生物群落组成，具备生物吸收、微生物转化、基质吸附等多重净化机制。在农田排水末端或小流域出口布设人工湿地，可显著削减农田径流中携带的氮素、磷素和悬浮物。研究表明，1hm^2的垂直流与表面流复合型人工湿地每年可处理氮素500～800kg、磷素50～120kg，去除率可达60%～90%，且运行能耗低、维护简便，具有良好的经济性与可持续性。

更为重要的是，缓冲带和人工湿地还具有生态栖息地恢复功能，可为两栖类、昆虫类及水鸟等野生动物提供栖息和繁殖场所，增强区域生物多样性。同时，这些生态设施还能提升农业景观的美学价值，推动农业与生态旅游、科普教育融合发展，助力美丽乡村建设。因此，在农业绿色转型过程中，应根据地形地貌、水文条件、土壤类型及作物结构，科学规划缓冲带与人工湿地布局，鼓励生态治理与土地利用协同管理，通过生态化技术体系构建，实现农业生产、水体保护与生态安全的有机统一。

2.3.4.2 耕作制度优化

在现代农业可持续发展战略中，轮作休耕与保护性耕作技术被广泛认可为减缓土壤退化、提高养分利用效率及防控农业面源污染的有效途径。轮作休耕通过改变作物种植制度，调节农田生态系统内部的营养循环过程，改善土壤理化性质，增强系统韧性。其中，以大豆-玉米轮作为代表的豆科-禾本科轮作模式，因兼具固氮补氮与养分高效利用的双重功能，在国内外实践中已被广泛推广。豆科作物（如大豆）在生长期通过与根瘤菌的共生固氮作用，可将大气氮转化为可被作物吸收的氮素形式，显著减少氮肥施用量。据实地调查与模拟分析，大豆-玉米轮作可使后茬玉米氮肥需求减少约30%，同时提升作物群体总氮利用率与产量稳定性，具有良好的经济效益和生态效益。

与此同时，合理设置休耕期并种植绿肥作物（如紫云英、苕子、三叶草等），不仅能进一步增强固氮能力，还能改善土壤结构、促进土壤团粒形成与有机质积累。绿肥作物在生长过程中通过生物固氮作用可增加土壤中的氮素，并在翻压还田后作为优质有机质来源，提高土壤肥力和微生物活性。尤其在南方稻田、丘陵旱地等耕层有机质较低的区域，绿肥种植对缓解耕地退化与提升土壤碳储量具有显著作用。此外，休耕期实施生态覆盖还可防止水土流失和地表径流中氮、磷流失，是恢复土壤系统功能的重要环节。

为了进一步降低氮素损失与提升土壤养分保持能力，秸秆覆盖与免耕作为保护性耕作的核心技术，也应同步实施。秸秆覆盖是指将收获后作物的秸秆均匀还田，并覆盖于土壤表层，不仅能抑制地表蒸发、维持土壤水分稳定，还可减少氮素在高温或湿润条件下的挥发损失。研究数据显示，秸秆覆盖可减少氨挥发与硝态氮淋失40%左右，有效保留养分于耕作层。更重要的是，秸秆的逐步分解释放出有机酸、糖类和氨基化合物，可被土壤微生物迅速利用，促进微生物繁殖与营养循环，加速有机-无机转化。

免耕技术通过不翻耕或少扰动土壤表层，有效减少耕作过程中土壤结构的破坏与氮素释放，降低土壤氧化速率和有机质矿化强度，从而实现土壤养分的稳定积累与长期保育。当秸秆覆盖与免耕技术联合应用时，可进一步增强地表覆盖效果，提高地温调节能力，并有效抑制杂草生长与病虫害滋生，形成生态-农业复合效益。此外，该模式还可显著降低农机作业频次与能源消耗，有助于减少农业碳排放，符合“双碳”背景下农业绿色低碳转型的要求。

大豆-玉米轮作、绿肥种植、秸秆覆盖与免耕耕作等轮作休耕与保护性耕作措施通过协同作用，可系统性地提升土壤氮素利用效率，减少化肥使用和环境污染，改善耕地质量并增强农业生态系统的可持续性。未来应加强区域适配性研究与模式优化，结合智能农业技术开展精准施肥与耕作管理，推动轮作休耕制度在全国不同生态区的规模化推广与政策支持。

参考文献

[1] 刘培桐，薛纪渝，王华东．环境学概论［M］．2版．北京：高等教育出版社，1995.
[2] 黄俊平．土壤污染修复原理与技术［M］．北京：化学工业出版社，2010.
[3] 陈能场，程水源．矿区生态环境保护与恢复工程［M］．北京：中国环境科学出版社，2008.
[4] 刘志诚．环境污染控制工程［M］．3版．北京：高等教育出版社，2015.
[5] 吴丰昌，崔勇．土壤污染控制与修复技术［M］．北京：中国环境科学出版社，2012.

[6] 李德生．土壤环境与污染修复 [M]. 北京：科学出版社，2014.
[7] 王家卓．矿山生态修复理论与实践 [M]. 北京：冶金工业出版社，2011.
[8] 张树义，张娜．土壤污染与修复技术 [M]. 北京：化学工业出版社，2018.
[9] 朱永官，张志山．土壤环境与修复工程导论 [M]. 北京：中国农业出版社，2006.
[10] 胡东．土地复垦与生态恢复 [M]. 北京：地质出版社，2009.
[11] 李增元．土壤修复工程 [M]. 北京：冶金工业出版社，2020.
[12] 许文良，姜林．矿区生态环境修复技术 [M]. 北京：中国农业出版社，2017.
[13] 陈洪章．固体废物污染控制工程 [M]. 北京：高等教育出版社，2004.
[14] 郑丙辉．土壤污染与防治 [M]. 北京：科学出版社，2011.
[15] 邱爱慈．环境工程手册 [M]. 3版．北京：化学工业出版社，2019.
[16] 唐学斌．生物修复技术导论 [M]. 北京：科学出版社，2007.
[17] 王春霞．土壤重金属污染与修复技术 [M]. 北京：中国环境科学出版社，2016.
[18] 曹文洪．尾矿库生态修复工程 [M]. 北京：冶金工业出版社，2013.
[19] 王志轩．环境保护概论 [M]. 北京：中国环境科学出版社，2010.
[20] 曹晶．土地复垦与生态修复 [M]. 北京：中国农业出版社，2015.
[21] 陈远亮．化学修复技术与工程实践 [M]. 北京：化学工业出版社，2014.
[22] 曾光明，韩向阳．地下水污染控制与修复技术 [M]. 北京：科学出版社，2009.
[23] 周启星．土壤污染生态风险评估与修复决策支持 [M]. 北京：高等教育出版社，2021.
[24] Zhang C, Yu Z G, Zeng G M, et al. Effects of sediment geochemical properties on heavy metal bioavailability [J]. Environment International, 2014, 73: 270-281.
[25] Beesley L, Moreno-Jiménez E, Gomez-Eyles J L. Effects of biochar and greenwaste compost amendments on mobility, bioavailability and toxicity of inorganic and organic contaminants in a multi-element polluted soil [J]. Environmental Pollution, 2010, 158 (6): 2282-2287.
[26] Wuana R A, Okieimen F E. Heavy metals in contaminated soils: A review of sources, chemistry, risks and best available strategies for remediation [J]. ISRN Ecology, 2011, 2011: 1-20.
[27] Chen H Y, Teng Y G, Lu S J, et al. Contamination features and health risk of soil heavy metals in China [J]. Science of the Total Environment, 2015, 512: 143-153.
[28] Tang J, Zhang J, Ren L, et al. Biochar reduces the bioavailability of heavy metals in contaminated soil and improves soil microbial activity [J]. Environmental Technology, 2013, 34 (13-14): 1879-1889.
[29] Rajapaksha A U, Vithanage M, Ahmad M, et al. Enhanced sulfamethazine removal by steam-activated invasive plant-derived biochar [J]. Journal of Hazardous Materials, 2015, 290: 43-50.
[30] Gong X, Huang D, Liu Y, et al. Remediation of contaminated soils by biochar: Mechanisms, effectiveness and limitations [J]. Environmental Pollution, 2019, 246: 698-708.
[31] Lu X, Zhang X, Wang L, et al. Multi-heavy metal contamination and ecological risk assessment of urban topsoils in a typical metropolis in China [J]. Journal of Hazardous Materials, 2010, 176 (1-3): 1020-1027.
[32] Bolan N S, Adriano D C, Duraisamy P. Immobilization of heavy metals in variable charge soils by addition of lime and phosphate [J]. Science of the Total Environment, 2003, 305 (1-3): 13-24.
[33] Shaheen S M, Tsadilas C D, Rinklebe J. A review of biochar properties and their roles in mitigating effects of toxic elements in contaminated soils [J]. Environmental International, 2015, 71: 125-136.

第3章
固体废物对土壤的污染与防治

3.1 固体废物概述

固体废物是人类社会物质流动和能量转换过程的副产品，其分类、成分与排放特征高度映射现代城市运行、工业演进与生活方式的变迁。固体废物可大致分为生活垃圾、工业固废、建筑垃圾和危险废物四类。其中，生活垃圾包括厨余垃圾、塑料制品、纸张纤维、织物及金属等，其组成复杂且变化频繁，受消费结构、季节与收入水平影响显著。2023年《中国城市建设统计年鉴》数据显示，全国生活垃圾清运量已超过2.5亿吨。工业固废则来源于制造、冶金、电力、化工、造纸等多个行业，包括炉渣、粉煤灰、化工废液、污泥等。据生态环境部通报，我国2022年一般工业固体废物产生量为41.1亿吨，一般工业固体废物产生量排名前五的行业依次为电力、热力生产和供应业，有色金属矿采选业，黑色金属冶炼和压延加工业，黑色金属矿采选业，煤炭开采和洗选业。建筑垃圾主要来自建筑施工、装修、拆除等过程，包括混凝土块、砖瓦、钢筋、水泥板等无机类废弃物，年产量已突破30亿吨，是增长最快的固体废物类型之一。危险废物则因具有毒性、腐蚀性、感染性等特征，需单独管理和处理，包括医疗废物、农药残液、电子垃圾、冶炼残渣等，具有高风险与监管难度大的双重属性。

固体废物的生成并非单一事件，而是一个嵌套于人类社会经济系统内部的代谢现象。每一种废弃物的产生，都是一定社会结构、生产方式与消费习惯的投射。例如，在城市生活垃圾中，厨余垃圾占比高达45%～60%，塑料占比超过10%，反映出高密度城市生活与包装依赖的高度耦合；而工业固废的增量则与资源开发强度、工业技术路径密切相关，凸显“高能耗-高排放”发展模式下的生态负担。尤其值得关注的是建筑垃圾的剧增问题。据住房城乡建设部测算，每万平方米新建建筑产生的施工废弃物高达500～600吨，而全国每年新建建筑面积超过20亿平方米，使得建筑垃圾成为城市固体废物治理的“灰犀牛”。该问题的根源在于“快拆快建”的城市更新逻辑，这暴露出基础设施生命周期管理一定程度的缺失与资源循环路径的断裂。

危险废物作为固体废物系统中最具环境风险的类别，其处置能力直接体现一国环境治理体系的完备性。例如，在加纳阿格博罗什电子垃圾处理场，土壤中铅含量超过世界卫生组织安全阈值50倍，儿童血铅超标率超过70%，已成为“技术全球化背景下的生态不平等”的典型案例，也折射出《巴塞尔公约》在执法与监督层面的制度漏洞。

固体废物治理的历史，实质上是一部技术演进与环境风险博弈的历史。传统填埋虽因简便低廉被广泛采用，但长期风险巨大：美国环保署研究指出，即使在关闭 30 年后，填埋场仍可能持续存在渗滤液污染，甲烷逃逸率达 15%～25%，对气候变化与地下水安全构成威胁。相比之下，焚烧技术因具备能量回收与体积减量的优势而逐渐被重视。以日本为例，通过炉排炉、流化床等高效燃烧系统，以及烟气净化装置［选择性催化还原（SCR）脱硝、活性炭吸附、干式脱酸等］的技术升级，其焚烧厂二噁英排放量已从 1997 年的 5000g［以毒性当量（TEQ）计］降低至 2020 年的 28g，达世界领先水平，验证了“末端治理”在高标准下的可行性。

在生物处理领域，韩国首尔的厨余垃圾管理制度以技术与制度的深度结合为特征。通过 RFID 垃圾称重计费系统、专用回收桶与厌氧消化联合工艺，厨余垃圾资源化率达 92%，每年产沼气近 1.5 亿立方米，减少运输能耗 37%，形成了“从负资产到新能源”的闭环逻辑。这种路径不仅优化了城市碳中和结构，也为其他城市提供了技术参照模型。

回收系统的演进同样体现出智能化与信息化的趋势。德国“绿点”标志结合物联网与数字追踪技术，实现了包装废弃物的全过程监管与高效回收。我国“互联网＋资源回收”体系建设也逐步提速，通过 AI 识别、智能分类、溯源平台等技术支撑，推动传统回收业向信息密集型绿色产业转型。

综上所述，固体废物治理正从传统“收运填埋”向“减量化、资源化、无害化”全链条生态管理转变。这一过程中，需同时推进源头分类制度建设、末端处置能力提升、治理体系与治理能力现代化，并在全球维度上深化技术合作与跨国责任分担，以构建更加公平、高效与可持续的固体废物治理格局。

3.2　城市生活垃圾对土壤环境的影响

从表 3-1 所呈现的城市生活垃圾种类可以看出，生活垃圾按成因大致划分为两类：一是非灰土类废弃物，主要包括厨余垃圾、塑料、纸张、织物、玻璃、金属等，来源于居民日常生活消费和行为活动；二是灰土类垃圾，主要指街道清扫、基础设施运行或老旧能源系统中产生的尘土、煤灰、炉渣等颗粒性杂质。非灰土类垃圾的变化反映的是社会消费模式、居民收入水平、生活方式与资源使用效率等人文经济因素，具有较强的动态性和社会属性。例如，在居民消费能力提升、商品包装趋向多元化、食品外卖快速发展的城市中，厨余与包装类垃圾（如一次性纸杯、快递外包装等）占比显著上升，这种变化也体现了“消费主导型城市代谢”对垃圾结构的深层塑造。

表 3-1　城市生活垃圾种类、来源及影响因素分析

垃圾种类	易腐有机物	金属、塑料、玻璃、纸类	布类	竹木	灰土
主要来源	家庭、餐饮业	包装材料、团体办公用品	废旧衣物	废旧家具、绿化垃圾	煤灰、清扫灰土
影响因素	人口、居民食品消费	人口、居民消费、废品回收	人口、居民衣物消费	人口、居民生活消费	街道清扫面积、气化率、集中供热面积、气候

相比之下，灰土类垃圾的生成则更体现出基础设施状况与城市能源结构演变的痕迹。在传统城市运行模式中，广泛使用散煤取暖和烧煤炊事的居民区会产生大量煤灰和炉渣，清扫频次较低或市政管网未完全覆盖的地区也会导致大量道路灰尘进入生活垃圾系统。然而，随着城市化程度的持续提升，集中供暖系统的普及率显著提高，清洁能源（如天然气、电能）的替代效应不断显现，居民生活方式发生转变，使得灰土类垃圾的产生量持续下降。相关数据表明，在北方地区典型城市实施“煤改气”工程后，城市生活垃圾中煤灰类组分比重下降超过40%，部分城市甚至基本实现灰土垃圾“退场”。同时，道路保洁机械化率的提升以及数字化城市运行系统的推广，也在一定程度上抑制了灰尘类垃圾的周期性波动，使其生成量更趋平稳。

综合分析可知，城市生活垃圾的生成机制可归纳为三大核心驱动维度：其一是人口规模变量，即人口总量与户均居住人口直接影响单位区域垃圾产生总量，人口密集区生活垃圾排放更为集中；其二是居民消费特征指标，涵盖人均收入水平、消费偏好、食品结构、网络购物比例等，这些因素决定了垃圾结构中厨余垃圾与包装废物的比重变化趋势；其三是城市发展进程参数，包括供暖能源结构、垃圾分类政策执行力度、市政环卫投入强度、基础设施运行效率等，这些因素深刻影响灰土类垃圾及可回收组分的占比。此外，地方政策导向、环保意识水平和技术干预手段也是调控生活垃圾生成的重要变量。例如，北京、上海等先行试点城市在实施强制垃圾分类、推行源头减量和智能回收系统之后，生活垃圾总量增速趋缓、结构显著优化，这表明制度设计与行为引导能够有效调控城市生活垃圾排放的质与量。

因此，未来城市生活垃圾治理策略应更加注重对上述三类变量的动态监测与耦合分析，因地制宜制定差异化政策路径，从源头控制、过程监管到末端处置形成闭环体系，实现“减量化、资源化、无害化”治理目标，推动城市代谢系统向绿色、高效与低碳转型。

3.2.1 主要污染物类型及迁移途径

3.2.1.1 重金属渗透

重金属渗透作为土壤污染的关键路径之一，近年来在固体废物管理与环境风险研究中引发了广泛关注。其主要来源包括废旧电池、电子垃圾以及染料包装类固废，这些来源不仅分布广泛、处理难度高，而且具有潜在的长期生态毒性。

以废旧电池为例，尤其是常见的5号干电池或纽扣电池，内部含有汞（Hg）、镉（Cd）、铅（Pb）等典型重金属，一节电池若被随意丢弃并进入自然环境，可污染约1m^3土壤或400L水体，其所释放的重金属在土壤中具有较强的生物毒性和环境稳定性，难以通过自然过程降解。这些重金属可在土壤中与有机质、氧化物或黏土颗粒发生配位反应，但在酸性条件下容易发生解吸或重新活化，造成长期累积效应。

电子垃圾作为新兴污染源，其重金属污染风险尤为突出。一部废弃手机或一块电路板，平均可含铅达250mg、含镉20mg，若未经规范拆解或回收处理，而是直接填埋或焚烧，不仅会释放重金属至土壤和地下水系统，还可通过烟气排放形成大气二次污染。研究发现，非法拆解电子垃圾区域周边土壤中重金属Pb、Cd浓度常年高于环境质量标准3～15倍。特别是在pH值为4.5～9的渗滤液条件下，铅离子的年迁移速率可达0.12cm/a，虽迁移缓慢但具有持续性，最终扩散至周边农田和地下水域。镉则表现出较短的黏土吸附半衰期（仅为3～5a），这意味着其不易长期固定，极易在酸化、干湿交替等环境变化下重新转化为土壤水溶态，成为植物可吸收的形态。

染料包装废弃物亦不容忽视，特别是在印染行业快速发展和塑料制品广泛使用的背景下，颜料残留、增塑剂、重金属稳定剂等往往在包装材料中含量较高。一旦这些废弃物被随意填埋或露天堆放，遇雨后易形成含铬、铜、锌等金属的渗滤液，进而进入周围生态系统，造成复合型污染。例如，在某已废弃垃圾填埋场的实地调查中，周边 0～20cm 耕层土壤中锌含量达 850mg/kg，远远超出土壤环境背景值，表明长期非正规处理行为已显著改变区域土壤重金属背景值。更值得警惕的是，在距该填埋场不足 50m 的农田中采集的叶菜类农作物中，镉含量超标率高达 82%，其中部分样本的镉含量超过食品安全国家标准限值 3 倍，严重威胁居民食品安全与身体健康。

重金属污染的隐蔽性与不可逆性，使其具备极强的生物累积性与迁移风险。这些重金属可在植物体内逐级富集，经由食物链传递至动物和人类体内，不仅会干扰肝肾功能、损伤神经系统，还可能具有致癌、致畸与致突变风险。例如，镉可在人体内蓄积于肾皮质并诱发“痛痛病”之类的慢性病变；铅则可干扰儿童智力发育和中枢神经系统，幼儿和孕妇最为敏感。因此，建立全链条重金属废弃物分类回收机制、完善电子垃圾拆解行业规范、推进城市有害垃圾精准投放与封闭式运输体系建设已成为保障土壤环境安全的当务之急。同时，应提升填埋场渗滤液处理标准，优化防渗系统结构，辅以原位钝化、植物修复等技术组合，从源头—过程—末端系统遏制重金属在土壤中的累积扩散趋势，真正实现污染防治与土壤资源永续利用的目标。

3.2.1.2　有机污染物累积

在垃圾焚烧处置区域及周边土壤中，持久性有机污染物（POPs）和新污染物的富集日益显现，成为土壤环境风险的重要隐患。其中，多环芳烃（PAHs）类化合物作为典型的持久性污染物，其主要来源于垃圾焚烧过程中有机质（如塑料、纸张、织物等）在高温下的不完全燃烧。监测数据显示，某焚烧厂灰烬中的 PAHs 总浓度高达 3200μg/kg，远超中国土壤环境背景值，属于严重污染等级。尤其值得关注的是，16 种美国环保署（USEPA）优先控制的 PAHs 化合物（如苯并［*a*］芘、苯并［*b*］荧蒽、蒽、芘等）占总浓度的 78%以上，其中苯并［*a*］芘的毒性当量贡献居首。这些化合物因其多环结构的高度稳定性和疏水性，在土壤中极难降解，可通过有机质吸附长期滞留于耕作层中，并通过食物链逐级富集，潜在地对农作物安全与人类健康造成致癌、致畸及内分泌干扰等危害。

除 PAHs 外，近年来快速涌现的新污染物也引起了环境科学界的高度关注，特别是药品及个人护理品（PPCPs）残留与微塑料污染的土壤归趋问题逐渐突出。研究表明，城市污水处理厂出水及再生水灌溉是 PPCPs 进入农业土壤的重要途径。以非甾体抗炎药布洛芬为例，其在某农田土壤中检出浓度为 0.8μg/kg，虽处于 10^{-9}（十亿分之一）量级，但长期低剂量暴露已被证实可显著扰动土壤微生物功能区系。模拟实验表明，布洛芬可抑制硝化细菌的活性，导致土壤氨氧化速率下降 23%～35%，从而干扰氮素矿化与转化过程，破坏土壤氮循环平衡。此外，布洛芬还可通过抑制脱氢酶等关键酶类活性，降低土壤有机质的微生物降解效率，加剧养分积累与毒性物质残留的矛盾。

微塑料污染则主要来源于农用地膜残留、包装废弃物降解与污泥施用等途径，其粒径小于 5mm，主要成分包括聚乙烯（PE）、聚丙烯（PP）、聚酯（PET）等高分子化合物。在长期耕作条件下，微塑料可改变土壤物理结构，使其容重上升约 12%，孔隙度下降

18%，影响水气循环与根系生长。同时，其表面易吸附重金属离子（如 Pb^{2+}、Cd^{2+}）及有机污染物，形成“微塑料-重金属”复合污染物，显著增强其迁移性与毒性。扫描电子显微镜（SEM）观察发现，部分微塑料纤维可穿透植物根系表皮细胞，进入根际空间，进而影响植物水分和养分的吸收机制，干扰农作物的正常生理代谢过程。

在化学机制层面，微塑料中广泛使用的邻苯二甲酸酯类增塑剂对土壤微生物活性具有明显的抑制作用。相关研究表明，邻苯二甲酸二丁酯（DBP）、邻苯二甲酸二辛酯（DOP）等可导致土壤脱氢酶活性下降达60%，削弱微生物群落在碳氮循环中的功能性表达，进一步扰乱土壤微生态系统的稳定性。此外，微塑料对土壤团粒结构的破坏效应也显著降低了土壤的保水性与通气性，进而影响种子萌发和根系生长，最终表现为农作物减产、品质下降等农业生态问题。

垃圾焚烧区域周边土壤中存在的 PAHs 与新污染物污染问题，已不仅限于单一组分的环境毒性，更表现为多源叠加、多因共扰的复合型污染格局。这类污染物具有迁移性强、难降解、长期潜伏等特征，对土壤健康构成系统性挑战。未来需加强源头分类控制与焚烧过程净化技术的升级，同时在农田生态系统中推动微污染物监测网络建设，开展基于生态毒理的风险评估与修复技术研发，方能有效遏制其在农业环境中的积累与扩散趋势，保障耕地质量与农业可持续发展。

3.2.1.3　盐分累积与酸碱失衡

盐分累积与土壤酸碱失衡是当前农业可持续发展的关键限制因素，尤其在城乡交界地区呈现出典型的复合型污染特征。这类区域受生活垃圾填埋、污水灌溉、工业废弃物渗漏等多源因素影响，土壤环境问题呈现出酸化与盐渍化并存、理化性质劣变、生物活性下降的趋势。

在华北某典型厨余垃圾填埋场周边的调查研究中，监测数据显示，该填埋场周边约 $50hm^2$ 耕地已形成连片酸化区，表层土壤 pH 最低降至 4.3，较原始耕地背景值（pH≈7.0）降低近 3 个单位，反映出土壤缓冲能力的严重衰退。这一现象主要归因于填埋过程中厨余有机质降解所释放的大量弱有机酸，包括乙酸、丙酸、乳酸等短链羧酸类物质。这些有机酸经由渗滤液扩散与入渗，不断输入耕层土壤，并通过离子交换作用与溶液中的碱性阳离子（如 Ca^{2+}、Mg^{2+}）发生置换反应，使 H^+ 浓度显著升高，从而导致阳离子交换量（CEC）下降，削弱了土壤缓冲系统对外界酸胁迫的适应能力。

与此同时，该区域填埋渗滤液中检测出的 Cl^- 浓度峰值高达 5000mg/L，致使土壤电导率（EC 值）上升至 8.0dS/m，远超旱作物普遍耐盐阈值（4.0dS/m）。在这种高盐环境下，Cl^- 与 Na^+、K^+ 共同诱发渗透胁迫，引起植物细胞水分外流、质壁分离等生理干旱反应，显著抑制种子萌发和根系伸展。更为严重的是，Cl^- 可与土壤酸化条件下释放的 Al^{3+} 形成配离子，增加其生物可给性并强化毒性作用，穿透植物根系质膜后进入细胞质，破坏叶绿体与线粒体等关键细胞器的结构完整性，最终表现为光合作用效率下降与呼吸代谢紊乱。此外，低 pH 环境可显著促进土壤中铝硅酸盐矿物的溶解反应，使大量游离态 Al^{3+} 进入土壤溶液，诱发植物根尖坏死、磷素钝化与微生物活性下降等一系列毒害效应。实地监测数据显示，该区域土壤中有效磷（Olsen-P）下降超过 85%，磷素固定率超过 90%，硝化速率降至检测限以下，表明氮磷循环严重受阻。

农作物响应方面，该区域冬小麦连续三年平均减产幅度达 35%，其中籽粒蛋白质含量较常规对照地块下降 18 个百分点，影响其营养品质与商品价值。玉米田块则出现根系褐变、畸形率达 67%的显著病理性症状。土壤剖面物理结构分析进一步显示，0～20cm 耕层已形成明显板结层，体积孔隙度下降 42%，空气-水分交换受限，根系呼吸障碍显著。微生物生态方面，土壤微生物群落的 Shannon 多样性指数与均匀度指数较对照区分别下降 55%和 49%，表明土壤生物系统遭受了不可逆的破坏，生态服务功能显著退化。

针对这种酸碱度与盐分双重胁迫的复合污染场景，常规的单独石灰改良措施已难以奏效。实践表明，单纯施加石灰虽可在一定程度上中和 H^+、提升 pH，但若不配套进行深层淋洗与排盐工程，Cl^-、Na^+ 等盐分仍将滞留在根际环境中，形成持续胁迫。因此，复合型污染治理通常需要集成多种措施，包括土壤结构改良剂、生物炭施用、有机肥替代、耐酸耐盐作物选育等策略，治理成本较单因素污染治理高出 3～5 倍，且治理周期显著延长。鉴于厨余垃圾渗滤液在污染形成中的主导作用，亟须在源头管控环节发力，规范厨余垃圾的分类投放、无害化处理与资源化利用，建立填埋场防渗系统与渗滤液收集处理装置标准体系，避免此类土壤复合污染问题的大范围扩散与长期积累，从而实现对农业生态系统健康的系统性保护与修复。

3.2.2 土壤功能退化过程

3.2.2.1 物理结构破坏

垃圾填埋作为一种传统的固体废物处理方式，在长期运行过程中对土壤环境造成的累积性影响日益显现，尤其在城市扩张与人口密度日趋增加的背景下，其对城市边缘地带土壤结构与生态功能的破坏问题日益引起学术界和管理部门的广泛关注。垃圾填埋作业在持续推进中，不仅导致地表自然地貌的改变，也对土壤的物理性质造成深度扰动。典型表现之一为填埋压实作用显著降低土壤的孔隙度，破坏其通气、透水与蓄水能力，形成了严重的结构性退化趋势。填埋区土壤常因长时间的机械压实、重载堆积及缺乏植被覆盖等因素，出现容重增大、孔隙率下降、团粒结构破碎等现象，使得原本松散、透气性良好的土壤转化为近似致密黏土的低渗介质。土壤渗透性随之下降，导致雨水难以有效下渗，根系水分供应受限，易形成地表径流与次生污染物迁移，对周边环境造成外溢性生态风险。

除物理压实之外，垃圾填埋还衍生出新的土壤污染路径，微塑料污染即为其中一种备受关注的复合性污染问题。塑料制品作为城市固废的重要组成部分，在填埋环境中受紫外线照射、温湿变化、微生物侵蚀及机械应力影响，逐渐破碎为微塑料碎片、纤维或薄膜。这些微塑料颗粒因体积微小、比表面积大、迁移性强，极易嵌入土壤孔隙结构中，改变土壤的物理组成，填塞原有毛细孔道，破坏土壤孔隙的连续性，导致其透水性与通气性下降。微塑料的介入不仅会抑制植物根系的正常生长发育，还可能造成根毛退化、侧根生长受限，从而削弱植物对土壤中水分与营养元素的吸收能力，进而影响作物的生理代谢与抗逆性能。微塑料对植物系统的胁迫效应在温室模拟试验中已被证实，其不利影响在长周期种植过程中呈累积趋势，且具有品种间差异性与区域环境依赖性。

更为复杂的是，微塑料本身并非惰性材料，其表面具备多种极性官能团，可吸附环境中广泛存在的有机污染物和无机离子，形成“污染物-载体”复合体。这些复合体因粒径微小而具有高迁移性，一旦进入土壤-植物系统，极有可能通过根际吸附、细胞膜转运及共价结合等机制被植物吸收，并进一步经木质部运输通道转运至地上部组织，存在通过食物链向人类累积暴露的风险。此外，微塑料进入土壤后还可能干扰原有微生物群落的结构与功能，抑制氮循环相关酶的表达活性，改变碳素代谢路径，进而降低土壤呼吸速率与有机质矿化效率，破坏土壤自净能力与生态调节机制。这种生物地球化学过程的失衡，不仅加剧了土壤质量退化，也可能影响土壤对气候变化的缓冲能力与碳汇功能。

值得注意的是，垃圾填埋导致的土壤压实与微塑料污染之间存在显著的协同破坏机制。前者通过压实作用降低土壤通气孔隙度，为微塑料颗粒的滞留与积聚提供了结构性条件，而后者则在物理结构基础上进一步引发生物毒性效应，破坏土壤生物多样性与生态功能。这种双重胁迫不仅阻断水气流通通道，还削弱了土壤与植被之间的物质与能量循环，最终导致土地资源的生态服务价值显著下降，表现为农业生产力降低、水文调节能力减弱以及生物栖息地功能丧失等多重生态退化后果。

面对这一复杂挑战，亟须从源头与过程两个层面协同发力：一方面，应强化固体废物分类制度与塑料源头减量策略，控制微塑料污染物进入填埋系统的初始通道；另一方面，应加强填埋区土壤环境的监测预警体系建设，动态评估压实度、孔隙度与微塑料分布特征，并开展针对性的结构改良与生态重建工作。在技术路径上，可结合深翻松土、添加有机改良剂、生物气孔构建等手段恢复土壤通气性，同时探索微塑料钝化、微生物降解与植物根际拦截等绿色修复技术，实现物理结构恢复与生物毒性控制的双重目标。通过政策、科研与工程的多维融合，构建系统性的填埋场生态修复体系，为城市边缘土地的可持续利用奠定坚实的生态基础。

3.2.2.2 生物活性抑制

重金属复合污染已成为制约土壤生态系统稳定性与可持续利用的突出环境问题，其多元共存及协同毒性机制对土壤生物群落、酶活性及物质循环过程造成广泛而深远的影响。研究表明，典型污染区域土壤中酶活性普遍受到严重抑制，表现为过氧化氢酶（catalase）活性较非污染背景土壤降低 57%±6.8%，该酶作为土壤抗氧化系统中的核心指标，其活性下降意味着土壤有机物分解与呼吸代谢过程遭受破坏，碳循环通量明显受阻。同时，脲酶活性亦下降 43%±5.2%，该变化直接反映了土壤氮素转化与矿化能力的衰退，进而可能引发土壤供氮功能的退化，造成作物生长所需可给性氮源不足。此外，多种重金属（如 Cd^{2+}、Pb^{2+}）可与酶分子中的巯基和羧基结合，导致酶蛋白结构构象改变或失活，进一步放大其对土壤生物化学功能的抑制效应。

在电子垃圾拆解区等高污染区域，土壤动物群落的结构与功能亦发生剧烈变化。作为关键生态指示物种的蚯蚓（*Eisenia fetida*）在该类区域的死亡率高达 90%（样本量 $n=150$），其体内重金属检测结果显示铅和镉的累积量分别超出对照地 21 倍和 17 倍，说明尽管该物种具有重金属高效生物富集能力，但在高暴露情境下，其富集特性也难以阻止毒性物质带来的致死效应。更为严峻的是土壤线虫群落的重构问题，Shannon-Wiener 多样性指数由健康土壤的 3.2 骤降至 1.8（$p<0.001$），群落优势种从以腐食性与自由生活型线虫为主迅速转变为以植物寄生性与耐污染种类为主，呈现出显著的生态选择压力效应。这种群落结构的改变不仅反映了生境胁迫的持续性，还暗示着土壤食物网能量传输路径的重塑，最终可能导致初级分解者、次级消费者与顶级捕食者的数量失衡，破坏土壤系统的生态稳定性。

多维度生态毒性监测结果进一步揭示了重金属复合污染对土壤生态系统整体功能的系统性损伤。田间实测数据显示，污染区域土壤的基础呼吸强度相比未污染区域降低 42%，表明土壤微生物活性显著减弱，有机质分解速率放缓。与此同时，微生物生物量碳（microbial biomass carbon，MBC）含量下降 35%，反映出微生物群落总量的大幅萎缩，这一变化已成为判断土壤生态系统健康状况的重要早期信号。部分研究还发现，土壤细菌与真菌群落的结构呈现出由优势种向少数耐重金属种类集中的方向演替的趋势，导致微生物多样性及其参与的生态功能网络趋于简化，进一步加剧了土壤环境的脆弱性。

重金属复合污染通过多通道、多靶点的毒理机制，显著扰乱了土壤酶活性、微生物群落结构与土壤动物生态位分布，进而削弱了土壤的物质循环能力与生态调控功能。这种系统性紊乱不仅影响作物根际环境与养分供给，还可能通过土壤—植物—动物—人类的多级食物链迁移累积过程，构成潜在的人类健康风险。因此，亟须采取精准化监测、源头削减与生态修复等多元策略，对复合型重金属污染土壤进行分区治理与功能重构，恢复其生态系统服务能力，实现土壤资源的绿色安全利用。

3.2.2.3　食物链富集效应

食物链富集效应作为生态毒理学研究中的核心问题之一，揭示了环境污染物通过营养级转移所引发的生物累积现象。其本质在于某些具有高稳定性、低代谢率或强生物亲和力的污染物在生物体内的摄入速率远高于排出或降解速率，因而其体内浓度在营养级转化过程中，随生物等级逐步升高，最终在顶级捕食者体内达到高浓度聚集的状态。这一过程不仅扰乱了生态系统内物质循环与能量流动的正常平衡，而且构成了威胁人类健康的重要隐患。污染物通过“土壤—植物—动物—人类”这一完整链条进入人体系统，具有隐蔽性强、滞后性强、影响广泛的典型特征，尤其在农田重金属污染和持久性有机污染物广泛分布的区域，其风险表现更为突出。

以重金属镉为例，虽然其在土壤中的总量有时未必超过风险管控标准，但由于其具有高度的可迁移性与生物可利用性，极易被植物根系吸收并在地上部积累，进而通过蔬菜、水果、谷物等食物载体进入人体，形成所谓的“隐性富集路径”。此类路径并不以土壤污染浓度为唯一风险指标，而是以污染物在食物链各环节的行为特性为关键决定因素。植物种类、土壤 pH、有机质含量、阳离子交换量等多种因素都会影响其在植物体内的迁移转化能力，甚至在相对低浓度污染背景下，也可能因高富集系数导致高人体摄入风险。长时间的低剂量暴露虽不易引发急性中毒，却可能逐渐损伤肝肾功能，扰乱钙磷代谢，诱发骨质疏松和神经毒性等慢性健康问题，这种影响在儿童、孕妇和老年人等敏感人群中尤为突出。

与重金属污染不同，脂溶性持久性有机污染物（POPs）如多氯联苯（PCBs）、滴滴涕（DDT）等则主要依赖其高亲脂性和低生物降解性，在动物脂肪组织中长期存留并随着营养级递升呈指数式富集。这些污染物在自然环境中迁移速度缓慢，但一旦进入生物系统便具有显著的累积效应。在“土壤—腐殖质—蚯蚓—鸟类”这类陆地生态食物链中，初级消费者如蚯蚓通过吞食污染腐殖质积累有机污染物，继而转移至昆虫或小型食肉动物体内，最终在肉食性鸟类或哺乳动物中显著放大，甚至超出原始环境浓度数百倍至上万倍。相关研究显示，生物放大不仅体现在体内浓度变化上，还直接表现为生理病变与繁殖障碍等生态毒性反应，诸如内分泌紊乱、免疫功能抑制、性腺发育异常等现象，已在多种野生动物中得到证实。

食物链富集效应还揭示了污染物环境行为的三个关键特征。①污染物的生物浓缩能力往往随着营养级的提高而非线性放大，高营养级动物面临更大的暴露风险。②污染物的理化性质决定其累积能力——脂溶性强、代谢缓慢的物质更容易在生物体内积聚，半衰期可长达数年。③在复合污染情境中，不同污染物间可能产生协同毒性效应或拮抗作用，如PCBs与镉、铅等重金属协同会破坏抗氧化系统，放大毒性表现，形成对神经系统、免疫系统乃至基因表达的复合干扰机制。

因此，理解与评估食物链富集现象不仅是开展污染生态风险评价的必要基础，更是制定环境质量标准与食品安全限值的科学依据。针对复杂多样的污染源，应强化关键营养级物种的生态毒理监测，注重生态网络结构对污染物传递路径的影响；同时推进控制暴露源头、修复污染介质、重建生物链稳定性的系统工程措施。未来研究亦应聚焦于多因子交互条件下的累积机制，特别是联合暴露对生态系统健康的长期效应评估，从而为污染控制与生态治理提供理论支持与实践依据。通过跨学科协同与技术集成，可有效阻断污染物在食物链中的传递路径，确保生态安全与公众健康双重目标的实现。

3.2.3 典型影响场景分析

3.2.3.1 非正规填埋场遗留问题

某退役生活垃圾填埋场虽然在15年前已完成封场，但最新监测数据显示，该区域土壤仍然呈现出污染物高残留、环境高风险的滞后效应。具体而言，封场后下层土壤中铅（Pb）浓度依然高达986mg/kg，超过《土壤环境质量　农用地土壤污染风险管控标准（试行）》（GB 15618—2018）中的风险筛选值5.8倍，显示出该重金属在深层土壤中的高度累积与迁移稳定性。这种高残留现象主要源于早期填埋阶段未设置有效的防渗系统，导致含有重金属的渗滤液长期渗透至地下土壤层并滞留。同时，铅作为典型的难降解元素，其在土壤胶体与有机质表面的强吸附效应以及在中性-弱酸性环境中的缓慢迁移特性，使其在封场多年后仍保持较高的生物可利用性，成为典型的“潜伏性污染因子”。

进一步的地下水与土壤剖面调查发现，该填埋场周边渗滤液羽状污染带呈现出缓慢但持续的径向扩展趋势。数据显示，扩散半径年均增长2～5m不等，且扩展方向受地下水流向与地层结构影响显著，表现出非均质扩散特征。在垂向尺度上，污染带的最大渗透深度已突破30m，形成贯穿多层土壤结构的垂向污染通道。污染土壤剖面中铅、锌、镉等重金属浓度普遍升高，土壤呈弱酸性，土壤电导率（EC）超过正常土壤背景水平3倍，反映出地下水体与深层土壤之间存在密切的污染物质交换。

这种典型的“深层污染累积＋羽状迁移”模式表明，退役填埋场虽然已经完成物理封场，但其内部污染源仍在缓慢释放污染物，具有高度的长期环境风险与不可逆性。污染带不仅威胁区域地下水安全，还可能通过毛细上升作用影响表层农田土壤质量，并通过植物根系吸收等路径进入食物链，构成潜在的人体健康暴露风险。尤其是在汛期或地质扰动事件（如滑坡、地震）发生后，污染迁移速率可能被进一步放大，加剧区域环境安全的不确定性。

因此，对于此类老旧填埋场，应强化封场后长期监测系统建设与后评估机制完善，建立包括重金属迁移模拟、地下水污染监测与生态风险预警在内的多维评估框架。同时应考虑开展工程性“被动截流＋活性修复”措施，如构建深层黏土垂直阻隔帷幕，配合注入铁氧体或活性炭等原位稳定剂，以减缓重金属迁移过程。若污染羽已逼近饮用水源保护区或耕地核心区，应适时采取“挖除＋替代”“抽提＋净化”等主动修复手段，以最大限度降低其对生态系统与公众健康的潜在风险。

3.2.3.2 垃圾堆放点农业影响

印度孟买郊区的大型垃圾堆放场长期以来缺乏规范化管理和环境保护措施，造成大量未经处理的城市固体废物直接暴露于开放环境中，逐步演化为区域生态系统中的持续性扰动源。这种大规模、非密闭式垃圾处置方式对周边农田土壤产生了复杂而深远的物理与化学影响，表现为表层土壤结构紊乱、物质循环失衡以及生物群落结构功能退化等综合性退化征兆。表面上看，垃圾渗漏和有机残渣的长期沉积似乎提升了土壤中有机物的含量，但这种“表观肥沃”实则掩盖了土壤功能实质性退化的问题。相关调查指出，稻田表层中检测到的高浓度有机质主要由食物残渣、生活垃圾碎片以及未腐熟的动植物残体构成，这些成分虽然属于有机质范畴，但因其不稳定、难以被土壤微生物有效降解利用，反而在土壤中积聚成堆，影响氧气扩散与团粒结构的正常形成，导致耕层通气性下降、养分释放效率降低。长期积累下，还可能在土壤中生成大量低分子量有机酸与中间代谢产物，对作物根际环境构成酸化胁迫，并间接抑制磷、钾等营养元素的有效释放，表现为“有机质虚高、养分可用性不足”的土壤功能失衡状态。

这一“虚胖型土壤”现象反映出土壤污染从传统重金属超标、酸碱异常等显性危害向结构性、隐蔽性损害的转变，其本质是垃圾组分的非选择性输入打破了土壤原有的生物-化学-物理协同调节机制。在磷素循环层面，实地研究发现受污染影响区域土壤有效磷含量出现显著衰减，这可能与有机物中高含量碳源诱导的微生物快速增长对磷素形成“生物竞争效应”有关，进而形成土壤“有机质富集-矿质营养贫乏”的典型非均衡格局。该现象不仅不利于作物健康生长，更可能削弱土壤自我修复与生态服务功能，导致作物减产与土壤生态系统功能退化。

类似的生态干扰现象也在其他亚洲发展中国家城市的垃圾处理场周边被频繁观测到。例如，菲律宾马尼拉湾沿岸城市生活垃圾带所释放的塑料残片经年累月随潮汐迁移逐步沉积于近岸红树林生态系统中，造成底泥物理结构破坏与生态过程受阻。红树林作为滨海生态系统的重要缓冲带，其根系复杂、结构致密的泥质底层原本具有良好的固碳、控潮与水体净化功能。然而，当微塑料持续侵入其根区土壤后，土体孔隙结构遭到破坏，渗透性与通气性大幅下降，从而影响根系吸水、吸养功能及微生物的代谢活性。这些微塑料不仅在物理层面上形成空间障碍，其表面吸附的持久性有机污染物（如多环芳烃、邻苯二甲酸酯类）和金属离子还会在生物体内积聚并形成复合毒性效应，对红树林区域的植物尤其是幼苗的生长造成持续性伤害。相关研究表明，受污染红树林区域的幼苗存活率与叶绿素含量显著低于对照区，幼苗表现出叶片发黄、根系萎缩、生长迟滞等典型污染胁迫反应，严重威胁红树林的群落结构稳定性和生态功能的可持续性。

微塑料对红树林底泥生态过程的干扰还包括对氮素循环的抑制，具体表现为硝化-反硝化反应速率降低、氮素积累以及沉积物氧化还原电位下降，最终导致系统性缺氧、营养盐富集及底泥毒性增强。这一过程极易引发底质恶化、水体富营养化与水华暴发等次生污染现象，进一步加剧滨海生态系统的退化趋势。此外，微塑料颗粒一旦被根系吸收并向上传导至地上部分，还可能进入生态食物链，向高营养级生物甚至人类累积迁移，造成更广泛的生态与健康风险。

综上所述，无序的城市垃圾填埋与沿海垃圾排放已由单纯的环境卫生问题转化为影响土壤和滨海生态系统健康的系统性、隐性环境危机。其核心机制在于污染物对生态系统微结构与关键生物过程的扰动，并通过多种机制叠加影响农田生产能力、滨海植被恢复与生物多样性维持等核心生态功能。未来的应对策略应坚持源头治理与生态修复并举：一方面应加强垃圾分类、源头减量与资源化利用，从根本上减少塑料与未腐熟有机残渣进入自然环境的比例；另一方面则须构建多层次污染阻断机制，包括土壤结构改良技术、微塑料钝化或降解策略，以及与当地生态系统相适应的生态重建路径，如红树林再造与土壤生物活性提升等系统工程。唯有通过从点源控制、过程治理到系统修复的全链条干预，才能真正遏制城市垃圾对土壤与生态系统造成的持续干扰，实现城乡接合部与滨海带区域的生态安全保障与资源可持续利用。

3.2.3.3 新污染物威胁

深圳某典型电子垃圾拆解区域的环境实地调查表明，长期无序拆解与焚烧处理电子元件所释放的大量持久性有机污染物，已导致该区域土壤中多溴联苯醚（PBDEs）的累积水平显著升高，远超城市背景值及农田安全阈值。PBDEs 作为广泛应用于电视机、计算机、手机外壳、绝缘涂层与电路板材料中的添加型阻燃剂，其化学结构稳定、环境降解速率缓慢，极易在生态介质中富集。在拆解过程中，由于缺乏规范化操作与污染控制措施，焚烧残渣、破碎粉尘与堆放渗滤液中的 PBDEs 以气溶胶和颗粒物形态散布至环境中，通过干湿沉降与土壤吸附作用，快速积聚于地表耕作层，并可随风力扰动形成二次扬尘回流，进而进入更广泛的区域大气-土壤耦合系统。研究显示，该类污染物可在强烈日照或高风速条件下自土壤中重新释放至大气中，并随气流远距离输送，形成以拆解区为中心、向外数十公里扩散的“再沉降-再释放”循环链。该物质的迁移路径打破了传统局域污染格局，呈现出空间多尺度传播与累积的新趋势，极易波及生态敏感区，给区域土壤系统与大气质量带来长期负担。

在生态影响方面，PBDEs 对土壤微生物群落产生多维度干扰，其所引发的生物学效应不仅包括碳氮循环关键酶系表达受阻、生物降解能力减弱、呼吸速率降低等初级功能紊乱，还可通过调节群落结构选择性富集某些耐污染种类，诱导微生物多样性下降与生态位偏移。这一群落重构效应削弱了土壤的自我净化与稳定机制，使污染物的生物残留时间延长，系统修复难度加大。

同时，该区域电子垃圾拆解区的环境风险还受到另一个隐蔽但同样严峻的污染源（不当处置的医疗废弃物）的叠加驱动。实地观察与分布分析发现，部分拆解场所存在医疗废弃物混入城市生活垃圾的现象，尤其在高温高湿环境下，废弃注射器、抗菌药物包装及残余膏体等释放出的抗生素成分不断渗入土壤，造成抗生素抗性基因（ARGs）在土壤中迅速富集。与未受污染区域相比，该地区土壤中 ARGs（如 *sul1*、*tetM*、*blaTEM* 等）的丰度高出数个数量级，表明外源抗生素压力已经在微生物群落中诱发了广泛的遗传响应。这些 ARGs 通过质粒、整合子及转座元件等多种水平基因转移途径实现微生物间的高效扩散，不仅会扩大环境微生物耐药谱范围，也可能借助病原菌作为宿主向人类致病链条迁移。更令人担忧的是，在 ARGs 显著上升的样本中，微生物多样性指标呈系统性下降趋势，革兰氏阴性细菌，特别是假单胞菌属和大肠埃希菌群体比例上升，提示微生物生态位正产生向“耐药优势型”转变的趋势，这种替代现象可能加速病原性微生物的生态扩张，带来新的公众健康风险。

更为复杂的问题在于 PBDEs 与 ARGs 在共暴露情境下可能发生交互作用，构成复合污染体系，其协同毒性与生态效应远超单一污染物所能解释的范围。研究表明，PBDEs 的脂溶性与生物膜亲和性可影响微生物细胞膜结构，增强其通透性，从而促进抗性基因的转入与表达。同时，PBDEs 可干扰微生物 DNA 修复系统与代谢酶系功能，在一定浓度范围内反而会促进某些耐药菌株的生理适应，表现为细胞代谢重构与抗药谱扩展，最终形成“污染-耐性-生态扰动”三位一体的复合生态风险链。这类共暴露情境下的污染演化过程不仅难以预测，更难以用传统污染评估手段全面掌握其演替规律与潜在效应。

为应对这一复合污染模式带来的挑战，亟须从源头上加强对电子垃圾与医疗废物的分类回收管理，建立独立且规范的处置体系，避免其进入城市生活垃圾系统中形成“隐性合流”。污染已发生地区则需依据污染特征与生态敏感程度，制定分区分级的风险治理与修复策略，重点可考虑采用具有高吸附能力与环境稳定性的生物炭-矿物复合材料进行原位稳定化处理，限制污染物活性。同时，结合基因编辑与微生物工程技术，引入工程菌-耐污植物联合修复体系，通过特异性吸附、共代谢与菌根共生等机制，实现对 PBDEs 的降解与对 ARGs 的阻断传播。此外，应加强对污染区域微生物群落的长期动态监测，构建“污染物-微生物-基因组”三维评估框架，从微生态维度提升对污染机制与修复过程的认知能力，确保生态安全与公众健康防线不被突破。

3.3 污泥对土壤环境的影响

城市污水处理过程中产生的污泥是一种多组分、多相态且结构高度复杂的副产物，其形成过程伴随着有机污染物的富集、生物转化残余的沉积、无机颗粒的吸附以及胶体物质的配位作用，构成典型的胶体-颗粒-液体三重交织的复合体系。从宏观形态上看，污泥呈现出高度黏稠的半固态状态，具有既非典型液体又非完整固体的过渡性质。这种中间态导致其在储运过程中虽可借助泵压系统进行管道输送，但在处理与资源化阶段却面临显著的脱水与稳定化障碍。从微观结构层面看，污泥颗粒普遍粒径较小，多集中于亚微米至几十微米区间，表面携带大量极性基团（如羧基、羟基、磺酸基等），具有强亲水性和高比表面积；基于上述特性产生的分子间作用力，共同促使其形成稳定的凝胶状胶体体系。其颗粒内部不仅包埋大量自由水，还通过氢键、静电吸附与疏水作用结合大量结合水，导致采用传统重力沉降或压滤技术难以实现有效水分剥离。

此外，污泥的密度介于清水与矿物质颗粒之间，其介稳状态使其在多项物理处理操作中表现出相对惰性，造成处理周期长、能耗高、效率低的实际难题。从化学组成角度来看，污泥中有机质通常占据主体地位，其中包括来源于微生物代谢与死亡过程的胞外聚合物（EPS）、未完全分解的食物残渣、脂肪类物质、纤维素碎片及腐殖化有机酸等，这些物质在厌氧或微氧环境中极易转化为甲烷、氨气、硫化氢等挥发性有机化合物，不仅加剧臭味扩散，还在密闭空间内构成潜在的爆炸与腐蚀风险。而高水分含量进一步限制了污泥的焚烧与高温处理，不仅导致单位热值极低、能耗剧增，同时也加重了飞灰与烟气的处理负担。若未充分脱水即进行填埋，则可能因长期渗滤液释放、重金属淋出与抗生素残留扩散，引发地下水污染与生态连锁效应。

在资源回收与生态利用方面，污泥蕴含大量植物生长所必需的营养元素，特别是氮、磷、钾等养分，并以铵态氮、有机氮、正磷酸盐等形态存在，具备潜在肥效。然而，污泥中的养分并非总是可被植物直接吸收利用，这一特性受其有机结合态、矿物吸附态比例的影响较大。更为关键的是，多数城市污泥来源于工业废水与城市综合污水混合处理系统，因此普遍含有较高浓度的重金属污染物，如铜、铅、镉、锌等。根据污水来源及处理流程的差异，这些重金属在污泥中以不同的形态存在，包括交换态、碳酸盐态、硫化物态及有机配位态等，具备较高的生物可利用性与迁移潜力。一旦将未经稳定化处理的污泥直接施用于农田，将极有可能造成土壤中重金属离子累积，经由作物吸收转入食物链，不仅影响农产品质量，还对人体健康构成长期风险。此外，污泥中还常伴随抗性基因、新污染物与微塑料残留，这些新型生态风险因子在当前污泥管理政策中尚未被充分评估或暂未纳入管理，成为隐蔽性污染源的重要组成部分。

为解决污泥处理难题，实现安全、高效的资源化路径，近年来国内外研究不断探索多元耦合技术与功能性材料的协同应用。例如，高温热水解-机械脱水组合系统能够通过热解断裂污泥中有机大分子链，显著提升水分迁移速率与脱水效率；而化学调理技术则借助改性石灰、铁盐、复合高分子等物质破坏胶体结构，降低颗粒间静电稳定性，实现快速浓缩与结构重构。在污泥资源化利用方面，研究者尝试将其用于生物炭制备，通过热解技术将有机质中的碳固定并实现其稳定化，同时吸附并封存重金属离子；或作为土壤改良剂、生态建材（如掺和烧结砖、陶粒）等进行循环利用。这些新路径虽展现出良好的技术潜力，但在实际推广过程中仍面临若干瓶颈，包括重金属含量不稳定、终端产品监管不健全、市场接受度偏低、工艺成本较高等现实问题。

因此，未来城市污泥管理亟须从“末端治理”向“全过程管控”转变，构建集源头污染控制、成分分级处理、污染物稳定化与功能回收于一体的综合治理体系。一方面，应加强对不同来源污水的分类预处理管理，避免工业高危废液混入城市污水系统，从根本上降低污泥污染负荷；另一方面，需建立以生态安全为前提、以资源化为导向的标准化处置与评价体系，科学设定资源利用门槛与环境风险预警指标。同时，推动“产—污—用”一体化闭环链条建设，通过工程菌参与的生态修复、生物增强降解技术及微生物协同脱毒等手段，实现污泥中有价值物质的定向释放与有害因子的深度钝化，最终推动城市污泥从“环境负担”向“资源资产”转变，迈向绿色、低碳、可持续发展的新阶段。

3.3.1　城市生活污泥对环境的影响

城市生活污泥是城市污水处理系统运行过程中必然产生的副产物，其主要来源为生活污水在初沉池、二沉池和生物处理单元中所形成的沉积物质（图 3-1）。污泥的物理形态极其复杂，通常由四类基本组分构成：第一类是水溶性组分，主要包括可溶性有机酸、小分子蛋白质、糖类及电解质；第二类是生物絮凝体，为微生物代谢及繁殖过程中所形成的胞外聚合物（EPS）和细胞残体；第三类是好氧颗粒物，呈颗粒状的微生物聚集体，具有一定的空间结构与孔隙特征；第四类为胶体，主要是粒径小于 1μm 的高分子及其复合物。这些多相组分之间通过氢键、静电力及范德瓦耳斯力形成稳定的胶体-颗粒体系，赋予污泥高黏度、高含水率和低沉降性能的典型特征。

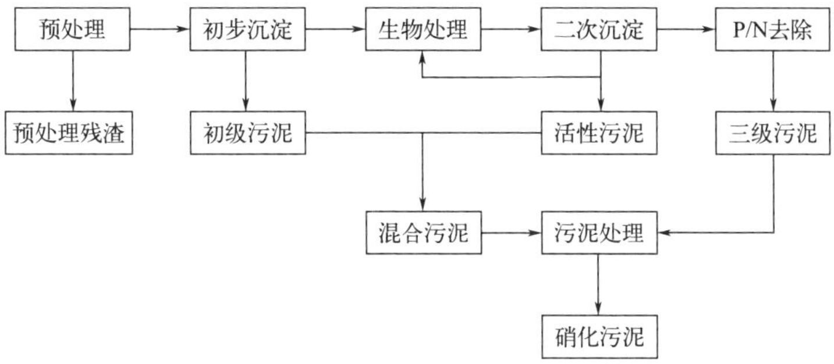

图 3-1　城市生活污水处理厂污泥的产生

在污染物成分方面，城市生活污泥普遍富集一系列难降解的持久性有机污染物（POPs），如氯苯类、多环芳烃（PAHs）和多溴联苯醚（PBDEs）等。这些化合物结构稳定、疏水性强，极易吸附在污泥颗粒表面或被包埋于有机质微团内部，不仅在土壤和水体中迁移性强，还可能通过食物链逐级富集，最终威胁人类健康。特别是多环芳烃中的苯并［*a*］芘、芘等已被国际癌症研究机构（IARC）列为明确致癌物。因此，在污泥资源化利用或填埋、焚烧等处置环节中，必须采取高级氧化、热解气化、生物强化降解等手段对这类有机污染物进行削减和无害化处理，以降低其生态风险。

此外，城市生活污泥中的重金属元素含量也不容忽视。相关监测数据显示，铅（Pb）、镉（Cd）、铜（Cu）、锌（Zn）等重金属在污泥中总量占比较高，其来源主要为城市生活用品残留、管网腐蚀、工业废水混入等。若未经稳定化或钝化处理即用于农田施肥或土地利用，重金属会通过离子交换、溶解迁移等方式进入土壤系统，导致土壤酶活性被显著抑制（如过氧化氢酶、脲酶下降 30%～60%），进而破坏土壤的有机质分解、氮素转化等关键生态过程。同时，重金属会改变土壤微生物群落结构，使优势种群由功能型菌群向耐性种群迁移，使土壤微生态系统呈现退化趋势，影响土壤长期生产力。

污泥中还含有数量可观的无机盐分，尤其是钠离子（Na^+）和钾离子（K^+），在浓度积累的情况下会显著改变土壤的渗透压和电导率。研究表明，过量施用未脱盐污泥将导致耕层土壤电导率升高至 8 dS/m 以上，远超多数作物的耐盐阈值（约 4dS/m），从而抑制植物根系对水分和养分的正常吸收，造成植物生长停滞、叶片失绿、产量下降等问题。同时，高盐环境还会引发钙、镁等二价阳离子的置换损失，破坏土壤结构，引起板结、通气性变差和水分调控能力下降，进一步推动土地退化和盐碱化进程。

在营养元素方面，城市污泥富含氮（N）、磷（P）等植物所需的主要营养成分，理论上具有一定的潜在肥效。然而若不经厌氧消化、好氧腐熟等稳定化处理程序而直接排入环境，其氮、磷养分将迅速溶解释放，进入地表水体后极易引发富营养化问题。典型表现为水体中藻类与浮游植物暴发性增长，从而产生遮光作用阻碍水草光合作用，随后导致藻类大量死亡分解，消耗水中溶解氧，造成鱼类、水生昆虫等群体大规模窒息死亡。这种生态紊乱过程会破坏水体的自净能力，形成恶性循环，严重时甚至导致湖泊演变为生态死区。因此，为实现污泥的安全循环利用，必须实施从源头分流—中间稳定—末端资源化的全过程环境控制策略，确保有机污染物、重金属、病原微生物和盐分均达到控制标准要求，从而实现生态环境保护与资源回收的双赢目标。

3.3.2　石油污泥对环境的影响

石油污泥是一类高危有机固体废物，主要来源于原油开采、储运、炼制及事故泄漏等环节，其组成复杂、污染物浓度高，常含有多种有毒有害物质，包括未完全燃烧的石油烃类、多氯联苯（PCBs）、多环芳烃（PAHs）、二噁英类（PCDD/Fs）、重金属元素（如镍、钒、铅、镉等）以及大量细菌、病毒、寄生虫卵等生物性污染物。当前部分地区仍存在将石油污泥未经处理或仅做简单脱水后直接露天堆放、填埋处理的现象，这种不规范的处置方式不仅无法实现污染物的有效削减，反而会造成对周边环境的持续性、累积性破坏，尤其是对土壤、水体及地下水生态系统构成严重威胁。

石油污泥中所含的石油烃类物质多具有极强的疏水性和低极性，绝大部分在水中几乎不溶（溶解度低于1mg/L），一旦进入土壤环境，这些烃类物质便会附着在土壤颗粒表面，形成连续的油膜，进而大幅改变土壤的物理结构与水分动力特性。首先，这种油膜覆盖会显著降低土壤的毛细作用和导水能力，使得水分无法有效进入土壤孔隙，导致地表径流增加、土壤持水性下降，从而破坏原有的水分迁移系统。其次，石油烃类物质的存在还会阻断氧气在土壤中的扩散路径，造成根际区域严重缺氧，抑制需氧微生物的活动，进而影响土壤中氮循环、碳循环等关键生态过程，最终引发土壤通气性恶化和团粒结构退化。

此外，石油污泥中积累的烃类物质还对土壤微生物群落的多样性和活性构成明显胁迫效应。研究表明，在油污土壤中，土壤酶（如脲酶、脱氢酶、过氧化氢酶）活性普遍下降40%～70%，土著功能微生物种群（如固氮菌、解磷菌）丰度减少50%以上。烃类物质通过扰乱微生物细胞膜结构、抑制胞内酶合成和干扰信号传导途径，导致土壤微生态系统失衡，破坏土壤自净能力与修复功能。

在植物方面，石油烃类对植物根系造成的直接和间接危害已被大量实验证实。低分子量烃类，如苯、甲苯、汽油和柴油组分，可快速穿透植物根系表皮细胞，干扰细胞膜脂质双分子层的稳定性，引发渗透失调和细胞质溢出，导致根系细胞坏死和组织器官退化，影响根尖分生组织的生长活性。而高分子烃类（如C_{20}以上石蜡、沥青等）虽难以穿透细胞膜，但其在根系表面过度富集形成“油垢层”，会物理性阻隔植物根系与土壤中的水分、氧气及矿质养分的接触，造成植物吸收功能严重受限。在实际污染场地中，这种影响表现为植物生长停滞、黄化、萎蔫、叶片早落，严重时出现根系腐烂和整株死亡，从而破坏农业生产与生态绿化基础。

更为严重的是，石油烃类污染物在土壤中具有较强的滞留性和迁移性，尤其在含水层发育区，其通过渗滤作用可在多年内缓慢向地下水扩展，形成“隐蔽性污染源”，引发水体异味、有毒有害成分超标等问题。一些芳香族碳氢化合物如萘、芘等，具有明显的致癌、致突变效应，若进入食物链将对人类健康造成长期潜在风险。

因此，石油污泥的环境风险评估与治理需引起高度重视。应推广热脱附、生物强化降解、惰性基质固化/稳定化等绿色无害化处理技术，同时加强石油作业场区的源头防控与法规执行，避免石油污泥成为长期累积的生态负担，切实维护土壤生态系统的健康稳定和可持续利用。

3.3.3 制药污泥对环境的影响

近年来，随着我国工业化和城市化进程的不断加速，地方中小企业（特别是医药、化工、印染等高耗能、高排放行业企业）的快速发展，导致工业污泥的产量持续攀升，成为生态环境监管的突出难点。其中，制药行业产生的污泥增长尤为迅猛，这类污泥主要包括两类：一是制药工艺流程中直接产生的反应沉淀污泥，二是制药废水处理过程所产生的生物污泥与化学污泥。制药污泥普遍具有成分复杂、毒性大、异味强烈、微生物负载密集等特点，且 pH 值波动大、营养比失衡、生物降解性差，极易对周边生态系统和水体环境造成急性或慢性污染风险。

制药污泥的主要环境风险源于其高浓度的残留抗生素、有机溶剂、重金属、助剂、表面活性剂以及病原微生物等。抗生素类物质如四环素、红霉素、头孢菌素等，即便在污水处理过程中已有一定程度的降解，但仍有一部分进入最终污泥中。若该类污泥未经有效灭菌和稳定化处理即用于农业施肥或进行填埋处置，不仅可能导致土壤微生物群落结构紊乱，还将促使抗生素抗性基因（ARGs）扩散，进而引发超级耐药菌株的产生，构成严重的公共卫生安全隐患。

此外，制药污泥的可生化性普遍较差，常规污泥处理技术（如厌氧消化、堆肥发酵）难以达到污染控制标准。高浓度有机物（如甲醇、苯类、乙酰胺等）容易在生化过程中抑制好氧菌群活性，造成系统运行不稳定甚至彻底崩溃；而其高盐负荷亦会显著降低厌氧发酵系统的产气效率。此外，制药污泥中普遍存在较高浓度的可溶性 COD 和难降解有机中间产物，这些成分不仅增加了处理能耗与成本，也增加了最终处置过程中的潜在环境风险。

当前，国内对市政污泥的无害化与资源化利用已形成相对成熟的技术体系，包括厌氧消化、热干化、污泥碳化、热解气化等方式，并逐步向标准化、规模化方向发展。然而，工业污泥（尤其是制药污泥、造纸污泥、制革污泥）及化工精馏残渣等典型行业的有机固体废物，其高毒性、高处理难度及高度异质性，仍是制约绿色制造推进、循环经济发展和“双碳”战略目标实现的关键因素之一。制药污泥不仅在成分复杂性、处理技术要求和监管难度等方面高于普通市政污泥，而且因存在广泛的未知副产物及微量污染物，需通过高级氧化（如臭氧/过氧化氢联合处理）、等离子体裂解、热解炭化与电动驱动脱附等新型高效处理工艺进行技术突破。同时，应强化源头控制、推行绿色制药工艺以及加强污染物全过程监测，构建覆盖原料—工艺—废弃物—环境的闭环治理体系，从而实现制药工业污泥的减量化、稳定化、无害化与资源化协同目标，推动我国环保产业的高质量发展。

3.4 固废源土壤污染的防治技术

固废源土壤污染的防治技术是一种融合多学科原理与工程实践的系统性环境治理方案，旨在通过有效遏制固体废物中有害成分的迁移扩散与生物可利用性，保障土壤环境的生态安全与生产功能。该技术体系不仅强调在污染源头的控制与中间环节的削减，还重视污染后果的应急处置与长期风险的动态调控，逐步形成了从源头预防到终端修复再到风险管理的全链条防控架构。其理论基础涉及环境化学、岩土工程、生态学、微生物学与土地资源管理等多个交叉领域，在实践中则依托多种技术路径协同运行，推动污染土壤的可持续利用。

首先，污染源控制与前端削减是防治技术的首要目标，强调通过固体废物分类收集、减量化处理、危险物质替代与高风险物质封闭等手段，从源头减少有害成分向土壤系统释放的可能性。在实际操作中，这类策略往往与垃圾填埋场封场技术、工业废渣堆场密封覆盖及危险废物仓储工程相结合，通过构建物理隔离屏障或屏蔽传输通道，有效阻断污染物的外泄路径。

其次，在污染物已进入土壤系统的情况下，则需依据污染类型、土壤性质与生态功能定位，精准选择并组合应用相应的修复措施。目前广泛采用的技术路径主要包括五大类：①物理隔离与稳定固化技术。其主要原理在于通过地表加盖、地下帷幕、水泥固结、矿物吸附等方式，阻止污染物的水文迁移并改变其形态，降低其环境活性，尤其适用于金属污染土壤或处于地下水高风险区的地块。②化学氧化还原与洗脱分离技术。此类方法多采用氧化剂（如高锰酸盐、臭氧、过硫酸盐）降解有机污染物，或利用螯合剂［如乙二胺四乙酸（EDTA）、柠檬酸］将重金属从固相土壤中转移至液相，便于后续回收与处理，适合难降解有机污染物浓度较高的场地治理。③生物修复技术。涵盖植物修复、微生物降解、真菌解毒等亚类，是目前绿色低耗型修复策略的代表。通过引入耐污染植物、定向驯化微生物群落与优化根际环境，能显著提升生态协调性和功能恢复水平。此外，联合修复手段（如植物-微生物联用）在复杂污染条件下显示出良好的适应性。④热力修复技术。主要应用于有机污染物难以生物降解的重度污染场地，通过高温加热、热解吸、热解气化等手段将污染物彻底分解或气化排除，具有彻底性强、适用性广的优点，但因能耗与成本问题多用于重点风险场所。⑤资源化与原位封存技术。旨在通过对污染土壤进行改性处理，使其可用于建材原料、基础垫层或园艺土壤添加剂等，抑或在不可开发区域进行原位隔离与长期封存，以实现污染土壤的低风险再利用。

在当前生态文明建设与“双碳”战略推动下，固体废物土壤污染防治技术正在加速向精准化、绿色化和智能化转型。精准化管理要求在项目立项前对污染程度、地下水流向、土壤类型和生态敏感性等多要素开展综合评估，建立“点位-类型-强度”三级分类体系，以科学指导修复策略选择与工艺设计。绿色化趋势鼓励采用低能耗、可再生或可降解材料作为修复介质，如利用农业废弃物制备生物炭、菌渣等天然调理剂，并推动生态自组织过程的充分发挥。而智能化管理则依赖现代信息技术的引入，包括部署无线传感网络、运用无人机遥感、搭建地理信息系统（GIS）可视化平台及构建物联网远程监管系统，使得污染识别、修复进程追踪与风险预警实现自动化与数字化管理。

此外，针对污染地块后续利用的环境管理制度亦不断完善。例如“风险导向＋用途管控”的模式，通过五阶段流程，即“土壤环境调查—污染识别评估—修复实施—达标验证—后续用途管控”相结合，推动污染地块从修复到再开发的闭环管理，有效保障建设用地环境安全。此类制度性创新不仅提升了治理效果的可控性与经济性，也为土地集约利用和城市空间再开发提供了重要支撑。

固体废物源土壤污染防治技术已从传统工程修复模式演进为一个融合物理、化学、生物及智能管理于一体的综合系统，其核心价值不仅在于消除污染，更在于重构土壤功能、保障土地安全、推动区域生态系统的可持续恢复。未来应继续强化污染识别—修复响应—风险管控的闭环机制，构建多尺度、多维度的技术体系与政策支撑框架，为我国土壤环境质量提升和国土空间绿色转型提供坚实保障。

参考文献

[1] 谢小毛．土壤污染与生态修复技术［M］．北京：中国农业出版社，2013.

[2] 赵玉明．矿山地质环境治理工程技术［M］．北京：地质出版社，2012.

[3] 李晓峰．多介质环境污染修复技术［M］．北京：化学工业出版社，2020.

[4] 丁仲礼．生态地球化学与土壤修复［M］．北京：科学出版社，2011.

[5] 吕志涛．环境修复工程案例分析［M］．北京：化学工业出版社，2017.

[6] 高吉喜．土壤与地下水修复工程［M］．北京：高等教育出版社，2022.

[7] 郑永龄，李明菊．土壤结构与功能［M］．北京：科学出版社，2010.

[8] 王青．土壤物理学［M］．北京：中国农业大学出版社，2012.

[9] 汪攻略．土壤化学［M］．北京：高等教育出版社，2008.

[10] 傅祖贵．土壤学原理［M］．北京：科学出版社，2011.

[11] 周启星．土壤学基础［M］．北京：高等教育出版社，2013.

[12] 张志强．岩土工程环境地质学［M］．北京：地质出版社，2014.

[13] 毛伟斌．核污染土壤修复技术［M］．北京：科学出版社，2015.

[14] 李云龙．多环芳烃环境修复［M］．北京：化学工业出版社，2016.

[15] 陈庆学．农田土壤污染治理［M］．北京：中国农业出版社，2017.

[16] 黄祥福．重金属污染与修复［M］．北京：中国农业出版社，2018.

[17] 余勇．污水污泥处理与资源利用［M］．北京：科学出版社，2015.

[18] 魏俊．城市垃圾处理技术［M］．北京：中国环境出版社，2016.

[19] 刘凯．固废资源化利用［M］．北京：化学工业出版社，2014.

[20] 赵建玲．填埋场环境工程［M］．北京：科学出版社，2009.

[21] 周勇．微塑料环境影响与治理［M］．北京：地质出版社，2021.

[22] 齐增蓁．环境法与土壤修复［M］．北京：法律出版社，2017.

[23] 崔丽华．农田生态系统修复［M］．北京：中国农业出版社，2018.

[24] 张华．有机污染物治理［M］．北京：化学工业出版社，2013.

[25] 陈楠．生态恢复与循环利用［M］．北京：高等教育出版社，2019.

[26] 赵静．环境监测与修复技术［M］．北京：科学出版社，2012.

[27] 方勇．生态工程概论［M］．北京：中国环境出版社，2014.

[28] 梁梅．污染场地风险评估［M］．北京：化学工业出版社，2020.

[29] 许志平．污染土壤修复案例解析［M］．北京：中国农业出版社，2021.

[30] Jiang Y，Zhang Y，Liu M，et al. Remediation of heavy metal contaminated soils by biochar：Mechanisms and impacts on soil microbial communities［J］. Soil Biology and Biochemistry，2012，43（1）：20-30.

[31] Park J H，Lamb D，Paneerselvam P，et al. Role of organic amendments on enhanced bioremediation of heavy metal（loid）contaminated soils［J］. Journal of Hazardous Materials，2011，185（2-3）：549-574.

[32] Puga A P，Abreu C A，Melo L C A，et al. Phytostabilization of mine tailings with native plants and application of sugarcane filter cake and biosolids［J］. Science of the Total Environment，2015，515-516：290-298.

[33] Reichenauer T G，Germida J J. Phytoremediation of organic contaminants in soil and groundwater［J］. ChemSusChem，2008，1（8-9）：708-717.

[34] Yu K，Shen Z，Jin Y. Enhanced phytoremediation of cadmium contaminated soil by Cd-hyperaccumulator Sedum alfredii：The effects of dissolved organic matter［J］. Chemosphere，2016，154：33-40.

[35] Arthur E L，Rice P J，Rice P J，et al. Phytoremediation— An overview［J］. Critical Reviews in Plant Sciences，

2005, 24 (2): 109-122.

[36] Luo C L, Shen Z G, Li X D. Enhanced phytoextraction of Cu, Pb, Zn and Cd with EDTA and EDDS [J]. Chemosphere, 2005, 59 (1): 1-11.

[37] Bini C. Plants and mine spoils: A review of revegetation practices in Mediterranean regions [J]. Landscape and Urban Planning, 2012, 104 (3-4): 200-205.

[38] Mendez M O, Maier R M. Phytostabilization of mine tailings in arid and semiarid environments—An emerging remediation technology [J]. Environmental Health Perspectives, 2008, 116 (3): 278-283.

[39] Xing Y, He W, Pei D, et al. Effects of phosphate amendments on the stabilization of heavy metals in contaminated mine soils: A review [J]. Environmental Science and Pollution Research, 2020, 27 (24): 29997-30010.

[40] Zhang H, Zhao F J, Sun B, et al. Arsenic uptake and speciation in the hyperaccumulator Pteris vittata L [J]. Environmental Science & Technology, 2002, 36 (6): 1242-1246.

[41] Xiong X, Zhang K, Chen X, et al. The occurrence and ecological hazards of microplastics in the environment: A review [J]. Environmental Pollution, 2018, 242: 294-307.

[42] Wang H, Dong Y, Yang Y, et al. Greenhouse gas mitigation potential of biochar: A critical review [J]. Environmental Science & Technology, 2012, 46 (17): 9531-9542.

[43] Gan S, Lau E V, Ng H K. Remediation of soils contaminated with polycyclic aromatic hydrocarbons (PAHs) [J]. Journal of hazardous materials, 2009, 172 (2-3): 532-549.

第 4 章
工矿区污染土壤的合理利用和复垦

4.1 工矿区土壤污染的状况

工矿业作为现代工业文明的重要组成部分，其开发活动在推动经济社会快速发展的同时，也对土地资源系统构成了前所未有的多维胁迫。工矿开发带来的土地问题具有高度的复合性和系统性，其破坏效应不仅体现在直接占用土地造成的空间压缩上，更深层地体现在通过地质扰动、生态退化等间接机制引发的土地功能削弱与结构性退化上。从生产空间角度看，矿山道路、厂区建设、临时作业平台及生活区用地等所带来的土地占用，直接压缩了农业、林业和牧业等传统用地的空间基础，降低了区域土地资源的可持续供给能力。而在资源开采过程中，由于剥离地表层覆盖物、挖掘岩体以及形成大量固体废物，进而引发多种形式的地表破坏与地貌失稳，如采空塌陷、排土场堆积、尾矿库扩展等，从而造成土地系统的持久性、不可逆性破坏。这种破坏往往具有区域连锁效应，不仅削弱土地的生态服务能力，还会影响区域环境承载力与人居安全水平。

在地质生态层面，工矿开发使得原本稳定的地形和地貌结构遭受严重扰动，特别是露天采矿、井工开采等高强度作业模式，加剧了表层土壤结构的瓦解和土壤肥力的丧失。以尾矿、废渣为代表的固体废物堆场，常常呈现出高空间分布密度、无组织堆放与无序扩张等特征，不仅占用大量土地资源，还易造成地表覆被破碎、水土保持能力下降等次生生态风险。由于这些废弃物多含重金属、酸性物质或盐分，在暴雨、风蚀等极端气候条件下极易发生径流迁移或颗粒扩散，从而诱发下游土壤污染、水体富营养化以及大气扬尘扩散等环境问题。更为严重的是，一旦形成地貌微扰动区域，其表层的天然植被极难自行恢复，土地退化过程将由此陷入负向循环，逐步演化为生态系统功能失调的“退化核心区”。

我国作为全球矿产资源开发强度最大的国家之一，长期以来面临土地资源保护与矿业开发之间的高强度博弈。特别是在以煤炭、铁矿、有色金属为主的重点开采区，土地破坏的总量不断扩大，破坏强度持续上升，部分区域已呈现出“资源开采密度越高、土地破坏程度越严重”的空间耦合特征。这不仅体现在表层耕地面积的绝对减少，更体现为土地生态功能的弱化、土地利用结构的失衡以及社会经济发展的可持续性风险上升。此外，矿区土地破坏具有明显的阶段性与累积性特征，在长周期开发与高频次扰动的共同作用下，土地生态系统原有的平衡机制难以维系，从而导致土地利用率下降、土地污染风险上升，区域生态安全面临长期压力。

在生态层面上，矿产资源开发还深刻影响着水文过程与地质结构的稳定性。由于露天开采和井下采掘破坏了原有的地下水径流路径，地表水与地下水系统之间的动态联系被切断，从而引发地下水位下降、湿地干涸、区域气候干燥化等环境问题。同时，剥离裸露区域在无植被覆盖的条件下，更易受风蚀与雨蚀作用，逐步形成浅层滑坡、沟蚀、裂缝等地质灾害隐患，严重威胁矿区及周边居民的生命财产安全。此外，地表径流在穿越松散堆积区时，其挟沙能力显著增强，从而加剧下游土地系统的侵蚀破坏，使得生态退化现象呈现出从点状源向面状扩展的演化趋势。这种空间扩散性与地质连锁性，导致土地资源问题不再局限于矿区内部，而是逐渐外溢至周边流域与生态单元，对区域整体生态系统稳定构成长期挑战。

从资源资产管理与国家粮食安全角度出发，矿业开发引发的土地破坏不仅削弱了农业生产空间，也直接影响了高产耕地资源的分布格局，造成高资源开发与低效土地利用并存的粗放型发展困境。特别是在耕地占补平衡机制还需进一步健全、土地复垦工程进展相对滞后的现实条件下，部分受损土地长期处于闲置或功能缺失状态，导致土地资源结构性紧张问题持续加剧。这种结构性矛盾若不加以遏制，势必影响国家耕地红线的守护能力，进而制约粮食安全战略的实施与农业可持续发展路径的构建。

在此背景下，必须从国家层面系统推动“资源开采—土地占用—生态修复”一体化管理机制的建立，强化资源利用全过程的生态红线约束，推进绿色矿业发展模式和无废采矿技术的工程应用。同时，应提升废弃地管理和土地复垦政策的精准性与刚性，推动构建以自然恢复、生态工程、产业融合为核心的复合型土地修复体系，实现土地生态功能重构与社会经济价值的双重提升。此外，还需引入生态补偿与环境责任追溯机制，压实矿业企业土地保护主体责任，形成政府引导、企业主导、公众参与的多元化治理格局，从根本上缓解土地资源与矿产开发之间的系统性冲突，推动我国由“资源依赖型”向“生态复合型”国土空间治理模式转型。

4.2 工矿区土壤污染的控制与修复

我国矿山生态修复工作的起步可以追溯至20世纪60年代，当时主要以局部的植被恢复与水土保持为主要手段，缺乏系统规划与工程技术支持，修复理念也局限于防治二次污染的初级阶段。改革开放后，随着工业化加速与矿产资源开发强度不断上升，部分矿山造成的土地破坏、水体污染、生态系统退化问题日益严重，国家开始重视矿区生态治理，并于20世纪80年代逐步引入工程治理理念，实现了由零散修补向系统性生态工程转型的重要跨越。同期，水土保持技术规范与土地复垦法规体系初步建立，为矿山生态修复工程提供了政策与制度保障。

进入21世纪，尤其是在《矿山地质环境保护与恢复治理方案编制规范》等标准文件颁布实施后，矿山生态修复进入了规范化、标准化阶段。当前，我国矿山生态治理实践已逐步形成较为完整的技术路径，重点聚焦于四类典型矿业活动引发的环境损伤展开系统治理。第一类是露天开采作业遗留的矿坑地貌问题。这类矿坑常伴随大规模地貌扰动和土壤流失，形成生态孤岛，不仅严重阻断区域生态过程，还可能成为安全隐患高发点。治理策略通常包括边坡整形、客土覆盖、植物群落构建与景观再造等多维手段。第二类是固体废物集中堆置场所，如排土场、矸石山等，其主要危害在于重金属渗滤、风蚀扬尘与雨水侵蚀引发的滑坡或泥石流。针对该类场地，多采用植被隔离、覆土固化与生物技术联合治理的方式，兼顾生态安全与地质稳定性。第三类是选矿尾砂贮存设施，包括煤矿开采过程中伴随产生的矸石堆体及有色金属矿山中的尾矿坝。其问题突出表现在尾砂中有害物质（如砷、铅、氰化物）迁移风险大、雨季溃坝隐患高与复垦难度大等方面。治理方式上逐步发展出“工程＋生态＋生物”一体化修复模式，通过筑坝加固、物理隔离与微生物修复等手段叠加使用，实现尾砂无害化与土地再利用。第四类为地下开采导致的地表沉陷区，其特点为地质结构紊乱、水文条件变化显著、复垦难度大，常造成耕地或建设用地功能丧失。近年来，针对沉陷区的修复逐渐探索出“湿地重建—农业开发—生态景观融合”等复合模式，旨在提升生态系统服务功能的同时恢复土地生产力。

总体来看，我国矿山生态修复从早期以“恢复绿化”表层目标为导向，已逐步转向以“生态系统重构与功能恢复”为核心的系统工程模式。未来矿山修复的核心方向将聚焦于精准评估、分类治理、全生命周期监管与绿色技术创新四个维度，以期实现矿区从“生态伤疤”到“生态资产”的转变，为国家生态文明建设提供坚实支撑。

4.2.1　露天采矿场采空区生态环境恢复与重建

露天采矿场采空区是矿产资源开发过程中因大规模剥离地表覆盖层和矿体开采而形成的深度扰动地貌单元，其典型特征为大面积裸露、地形剧烈改造以及生态系统全面退化。这类区域通常呈现出显著的凹陷或开阔坑状结构，原生地表植被在采掘初期即遭彻底清除，地形形态从自然丘陵或台地转化为人工台阶状、阶梯状乃至深坑状空间格局，伴随着表层土壤剥离、土壤团粒结构破坏以及地力基础全面流失，致使土壤系统的物理、化学与生物属性均遭受严重损害。原有土壤中的有机质和养分迅速流失，微生物数量锐减，微生物群落结构紊乱，根际环境趋于贫瘠，进而造成植被难以自然恢复、生物链断裂及生物多样性骤降。这种“从结构到功能”的生态系统崩溃，使采空区生态呈现出极低的自组织能力，其自然恢复周期异常漫长，且常伴随不可逆的退化趋势。

在缺乏人为干预的条件下，采空区极易演化为长期“生态真空”或“生态死区”。裸露地面的广泛存在不仅显著增加风蚀和雨蚀强度，造成区域内土壤颗粒与有害物质的二次搬运，还使得粉尘传播、泥沙淤积等问题向周边农田、水体乃至城市空间扩散，对区域环境质量形成外部性影响。在北方干旱风沙区，强风作用下采空区粉尘粒子向下风方向输移，可能造成数十公里范围内空气质量下降、耕地土壤退化与呼吸系统健康风险升高；而在南方湿润或季风型山区，剧烈降雨与地形高差叠加易诱发边坡崩塌、滑坡与泥石流，直接威胁采矿区下游的人居安全与线性基础设施安全。在地质破碎区或地下水位变化剧烈的矿山，采空区还易形成积水型“矿坑湖”，这些水体由于集水能力强但水体交换弱，极易在沉积物中富集重金属、硫化物等污染物，若长期处于封闭状态，可能引发水体酸化、底泥污染和食物链毒性效应，进一步加剧生态修复难度、提高治理成本。

面对上述复杂性和风险叠加的采空区生态问题，我国当前生态修复战略已从单一技术治理模式转向系统性工程治理与区域性治理协同推进的综合模式，强调“恢复生态功能—控制环境风险—重构土地价值”三位一体的综合目标。为此，在国家与地方矿山生态治理政策引导下，露天采矿采空区生态修复逐步形成了 3 种主要技术模式，并在不同地貌类型、矿种特性和资源利用规划下呈现差异化发展路径。

总体而言，我国采空区生态修复正在逐步走向以“多目标耦合—多技术集成—多尺度协同”为导向的综合治理体系。在技术集成层面，强化生态基底修复与土地功能转型的协同推进；在政策机制层面，应通过生态补偿、污染责任追溯与修复绩效评估制度等手段，建立长期有效的生态修复激励与监管体系，为资源开发型区域的生态安全与社会可持续发展提供系统支撑。当前我国主要采用农林复合型生态修复、蓄水资源利用型生态修复、系统性生态重构三类模式。

4.2.1.1 农林复合型生态修复模式

农林复合型生态修复模式是一种集生态恢复、资源再利用与绿色经济开发于一体的复合型治理策略，主要适用于矿区长期采掘活动后形成的地质低洼区，特别是地下水位上升或采矿沉陷作用所致的蓄水凹陷区域，以及由倾斜及急倾斜矿体开采所形成的大型矿坑。这类区域地形封闭、排水不畅、常年积水，具备转型为生态水体的天然基础。通过对这些凹陷区进行科学化、系统化改造，可将其构建为人工湖库系统，不仅能实现采矿废弃地的生态价值再造，还可作为水资源调蓄空间，在雨洪调控、水源涵养、水质净化等方面发挥重要作用。

在实施过程中，农林复合型修复模式强调多功能复合利用与生态系统构建的有机融合。一方面，改造后的水体可根据水文条件开展生态渔业养殖，如推行中低密度生态养殖模式，合理配置滤食性、底栖性及肉食性鱼类，构建水体生态平衡体系，从而有效控制水体营养盐浓度，防止富营养化问题发生；另一方面，湖库周边区域可栽植适应性强、根系发达的乡土树种与湿生植物（如水葱、香蒲、芦苇等），构建稳定的缓冲植被带，不仅能提升水体边缘生态多样性，还能有效削减外源污染物的输入。

此外，该模式还可拓展为人工湿地系统，通过营造水平潜流型或垂直流人工湿地，强化污水净化与生态恢复的协同功能。湿地内植物根际区域的微生物可高效降解氮、磷等污染物，提升水体自净能力；同时，湿地本身也是重要的生物栖息地与生物多样性热点区。实践表明，若结合雨水回收、农业尾水处理与休闲旅游功能，该类修复工程可演化为集水产养殖、生态观光与湿地保护于一体的多元化绿色发展平台。

例如，安徽淮南潘三煤矿塌陷区通过构建农林湿复合体，将沉陷湖区打造为集“渔业养殖—水源涵养—湿地净化—林地防护”于一体的生态修复综合体，实现了区域生态系统服务能力显著提升。相关数据表明，该区域水体年调蓄能力提升至320万立方米，区域平均空气湿度提升12%，湿地鸟类种类由改造前的7种增至23种，生态系统呈现良性演替趋势。

农林复合型生态修复模式不仅是一种土地资源重构路径，更是生态文明建设与绿色矿业融合发展的重要实践。其通过系统治理与功能整合，有效破解矿区生态修复“水问题”与“绿问题”并存的治理难题，具有显著的生态效益、经济潜力与可持续发展前景。

4.2.1.2 蓄水资源利用型生态修复模式

蓄水资源利用型生态修复模式是针对矿区采空区、挖损大坑以及由于倾斜或急倾斜矿体开采而形成的低洼积水矿坑所采取的一种功能性生态重构手段。此类区域在矿产资源开采结束后，因地质构造破坏、地下水位回升或地表径流汇集等原因，常形成长期稳定存在的积水体。传统治理模式多将此类地块视为生态负资产，简单回填或弃置，未能充分挖掘其潜在的资源价值。而蓄水资源利用型生态修复模式则秉持“变废为宝、资源化利用”的理念，立足于原位地貌条件，通过工程与生态手段相结合，打造具有多重生态服务功能的水体系统。

具体而言，该修复模式主要包括以下几种利用方向。①发展生态渔业，即在经过生态改造且水质达标的水体中开展渔业开发，采用生态养殖方式投放鲢鱼、鲤鱼等滤食性或底栖性鱼类，从而有效控制水体藻类繁殖，维持水体生态平衡，并实现经济效益。②作为区域性水源地，该类水体可承担农业灌溉、工业用水或应急供水的储备功能，特别是在干旱或水资源紧张地区，其调蓄与补给作用尤为突出。③对于部分富营养化或微污染积水区，可将其作为人工湿地式污水处理单元，利用水生植物（如香蒲、水葱等）及其根际微生物系统吸附、分解水体中氮、磷等污染物，发挥生态净化与缓冲功能。

在技术层面，该模式强调水质保障与生态安全的双重控制。在实施前需进行水文地质调查与水体质量评估，判断其是否具备渔业养殖或水源储用的条件；必要时应配套实施底泥清淤、岸坡稳固、投植水生植被等工程措施，构建完整的水生态系统。同时，对于区域性降水径流输入、水体污染物累积等风险因素，应建立动态监测与预警机制，确保蓄水系统的长期稳定运行。

实例表明，该修复模式在实际应用中具有良好成效。例如，山西大同某露天煤矿矿坑在关闭后，通过生态设计转化为区域渔业综合开发区，年产淡水鱼超300吨，带动周边生态农业与旅游业发展，累计吸纳就业岗位120余个。另外，江苏徐州潘安湖项目数据显示，原矿坑经改造后形成了具有雨水调蓄、生态修复与景观旅游多重功能的城市湿地公园，蓄水能力达500万立方米，年净化水体总氮量约42吨，有效缓解了区域面源污染压力。

蓄水资源利用型生态修复模式不仅是废弃矿坑治理的可行路径，更体现了矿区后生态利用与区域绿色发展战略的高度融合。其在改善区域生态环境质量、促进资源高效循环利用、推动生态产业多元发展的同时，也为我国矿山废弃地治理提供了具有推广价值的典型范例。

4.2.1.3 系统性生态重构模式

系统性生态重构模式是一种针对矿区复合型生态退化问题提出的综合性生态修复路径，旨在从生态系统的结构、功能与过程三个层面协同修复矿区所受的系统性破坏。该模式以“地貌重塑-土壤重构-植被重建”为核心框架，形成了由工程技术与生态机制融合支撑的“三位一体”修复体系，力求构建一个稳定、可持续并具有自我调节和自我维持能力的近自然生态系统。其适用对象通常为遭受矿山开采、尾矿堆积、水土流失及重金属污染等多重扰动的严重退化区域，特别适用于地貌破碎、土壤结构彻底破坏、植被全失的高强度扰动地带。

在地貌重塑阶段，主要通过削坡填谷、坡面整治、排水通道布设等措施，对矿区残破的微地形进行重构，构建具有一定坡度、分水脊与汇水沟合理分布的地表形态，恢复地表水循环通道，控制水土流失与次生滑坡等地质灾害。地貌重塑不仅改善了水文条件，还为后续土壤重构与植被重建提供了稳定的物理基础。

“土壤重构”是该模式的关键技术环节，面对矿区土壤剥离严重、有机质极度贫瘠甚至存在重金属超标的问题，需运用多种土壤改良策略。常见方法包括掺混腐殖质土，添加生物炭、秸秆炭、膨润土及粉煤灰等多孔材料，以改善土壤团粒结构、提升土壤保水保肥能力；同时，施用石灰、磷酸铝等稳定剂，降低重金属活性。在南方红壤区和北方沙地矿区的实践中，通过采用厌氧发酵有机肥与高岭土调理剂的复配方式，不仅使土壤有机碳含量显著提升（增长幅度可达68%），同时使重金属生物有效性降低50%以上，为植被生长营造出更为安全的土壤微环境。

“植被重建”强调生态演替与群落结构优化的协同设计。通过选择耐瘠薄、抗逆性强、固土保水能力强的先锋植物（如柠条、紫穗槐、马棘等）先行覆盖地表，形成初步生物覆盖层，并在演替中逐步引入乔木与灌草复层植被结构。近年来，通过人工选择与定向培育的乡土树种与中药材型植物（如杜仲、黄芩）结合，不仅提升了区域植被多样性，还产生了一定的经济价值与药用价值，实现了生态修复与产业开发的融合。

此外，为提升系统的自我维持能力，还需建立长期监测与调控机制。包括利用遥感技术监测植被覆盖度与土壤湿度变化，通过微生物多样性检测评价土壤生物活性，以及开展水文模拟与养分通量分析，为生态重构系统的长期稳定运行与演替优化提供保障。实践表明，在陕西铜川、内蒙古准格尔等典型矿区应用该模式三年后，植被覆盖率由不足10%提升至65%以上，土壤pH趋于中性，土壤酶活性指标全面提升，地表径流量减少40%，有效遏制了水土流失及重金属下渗风险。

系统性生态重构模式以其高度集成化、多维协同化的技术特征，成为解决矿区生态系统全面退化问题的重要路径。该模式突破了传统修复手段的单一性与局部性限制，强调从生态系统整体结构重建与功能恢复出发，构建符合区域自然规律的近自然系统，是实现矿山绿色转型与生态文明建设的关键技术支撑。

4.2.1.4　渔业开发

海南田独铁矿是我国早期开发的中型露天金属矿床之一，地处海南省三亚市郊区，曾因其优质的赤铁矿资源而在20世纪50年代成为重要的冶金矿产供应基地。该矿床以深凹地貌为特征，露天开采形成了较为规整的矿坑边坡与底部洼地，具有良好的蓄水条件。自20世纪50年代中期矿山资源开采殆尽并实施闭坑管理后，为响应当时“变废为宝”的政策及服务地方经济发展，地方政府结合矿坑的地貌特征，将其低洼区域改造为人工水体，实施蓄水养鱼工程，正式开启了矿山生态功能向渔业资源开发的转型。

该矿坑蓄水体积大，水质相对清洁，水深可达20余米，水温变化平稳，适宜淡水鱼类生长。经过初期的清淤整治、边坡稳固与补水工程建设，田独铁矿采空区逐步形成了一个面积超过20公顷的稳定鱼塘系统。政府部门引入草鱼、鲢鱼、鲤鱼、罗非鱼等多个经济鱼种，利用矿坑水体进行轮养，年均产量可达50吨以上，为当地提供了稳定的水产品供应来源。在该项目的推动下，田独铁矿不仅实现了生态资源的再利用，也开创了我国矿山退役后以水产养殖为导向的生态修复先例。

随着生态治理理念的逐步深化，田独矿区逐步探索出集“生态修复-资源开发-休闲渔业”于一体的综合利用路径。近年来，地方政府在矿坑蓄水区域周边发展垂钓公园、生态农业示范点及乡村旅游设施，推动渔业与旅游业的深度融合。该区域现已成为三亚市重要的生态农业观光区之一，不仅缓解了土地撂荒问题，也有效带动了周边村镇的就业与收入增长。

总体而言，海南田独铁矿的生态转型实践表明，合理利用露天采矿遗留地貌开展蓄水型生态修复，不仅可恢复其生态服务功能，还可为矿区居民提供可持续的经济收益。其典型经验对我国其他中小型露天金属矿山的生态再开发具有较强的示范意义，体现出从“矿山废弃地”向“生态经济功能区”转变的可行性与现实价值。

4.2.1.5　水源地

广西荔浦县（现荔浦市）锰矿烟灯陡矿区自20世纪中期起因锰矿资源丰富而成为重

要的矿业开采区域，长期的露天及地下采矿活动形成了多个不同规模的采空区。其中最典型的是一处约 20 公顷的采空洼地，因地形低凹、水文条件优越，采矿过程中先后揭露出多处地下河道、水泉及暗河出口，这些水体逐渐汇聚形成了稳定的水体。荔浦县防疫部门历次水质检验数据表明，该矿区水体中各项指标（如总溶解性固体、细菌总数、重金属含量等）均符合《生活饮用水卫生标准》要求，水质清洁、矿化度适中、无有害污染物超标，具备作为饮用水水源的基础条件。

基于这一天然水源的生态潜力，当地政府于 20 世纪 80 年代末在采矿活动基本结束后，对该水体进行蓄水管理改造，包括坝体加固、简易净化设施建设、周边水源保护带种植等，逐步将其建成功能完善的水塘系统。1990 年 8 月，广西遭遇罕见干旱，荔浦县内多数地表水源枯竭，地下水水位严重下降，供水系统面临断流危机。烟灯陡矿区采空区蓄水塘在此关键时期发挥了应急水源作用，有效保障了全县多个乡镇数万人口的饮用水安全，显著缓解了城乡居民生活用水紧张问题。此后，该水塘被正式纳入荔浦县重点生活水源保护名录，成为政府备案的战略备用水源之一。

该水体已形成稳定的生态水库，具有较强的调蓄能力和水质自净功能。周边生态系统逐渐恢复，水体中自然繁殖的鱼类与水生植物日益丰富，初步具备调蓄防洪、生态涵养、观光休闲等多重功能。

荔浦县烟灯陡锰矿区的成功经验表明，退役矿山采空区具备转化为战略水源地的潜力，尤其在喀斯特地貌与地下水资源丰富的地区，通过科学的水文调查与生态治理，可将遗留矿区转变为服务民生的绿色资产。这一实践不仅为地方水资源安全提供了保障，也拓展了矿区生态修复的现实路径，对我国西南地区类似矿山生态利用具有重要的借鉴意义。

4.2.1.6　挖深垫浅，综合利用生态环境恢复与重建模式

“挖深垫浅”综合利用生态环境恢复与重建模式是一种适用于采矿塌陷区、沉陷带和排水不畅区域的系统性生态治理技术，具有较强的适应性和资源整合效益。该模式的核心在于因地制宜地进行地貌再造与土地功能重构，其实施过程以“生态价值最大化、土地利用多功能化”为目标，通过“深挖积水区、浅填抬高区”的工程手段，既解决塌陷地常年积水带来的土地撂荒与生态失衡问题，又恢复或提升区域土地的可利用性。在具体实践中，治理流程包括：对地势低洼、易形成积水的塌陷区域实施定向深挖，扩容形成稳定的水体，用作人工湖泊、水源涵养池或发展生态渔业；与此同时，将挖掘过程中产生的表层客土、风化岩和部分改良材料输送至地势相对较高的区域进行平整覆土，构建适宜农林生产或建设开发的土地平台，从而实现“生态调蓄＋土地复垦”双重目标。

该修复模式在山东省青岛市北墅石墨矿采空区的应用取得了显著成效。原北墅矿区因多年露天采矿活动形成了多个废弃坑洼地，严重制约了周边土地利用和生态功能恢复。治理团队依据地形地貌特征，优选低洼矿坑区作为蓄水核心区域，采用防渗衬层加边坡绿化技术稳定坑壁，建设总面积达 18 公顷的水面生态湿地，年调蓄水量超过 35 万立方米，为当地地下水补给与防洪排涝提供了重要支撑。与此同时，将养分含量高的客土材料回填至相邻高台区域，采用梯田式整坡结构开展土地复垦，成功恢复农田 32 公顷，种植高附加值经济作物如蓝莓和苹果，并配套建设节水灌溉系统，实现了生态恢复与经济效益的双赢。

此外，该模式还强化了生态景观构建与多功能土地利用的结合。在坑塘周边种植本地乡土物种，形成复合型绿色缓冲带，提升生态系统的稳定性；水域与农田交错布局，营造

出独特的“渔农交融”景观，吸引生态旅游与休闲农业投资项目落地，年接待游客超3万人次，成为“废矿变绿地”的典型范例。从生态监测数据来看，实施“挖深垫浅”治理三年内，区域植被覆盖率提高47%，土壤有机质含量上升22%，地下水水质由劣Ⅴ类恢复至Ⅲ类标准，标志着生态系统服务功能显著恢复。

“挖深垫浅”生态恢复模式不仅是一种地形重塑与资源再利用的工程策略，更是一种融合了水土治理、农业发展与生态景观重建的复合型可持续发展路径。其推广对于破解采矿塌陷区治理难题、提升土地复合利用效益及保障区域生态安全具有重要现实意义。

4.2.2 露天采矿场边坡的生态环境恢复与重建

当前，我国露天矿区边坡生态修复工作正逐步从依赖自然恢复向人工干预和工程化治理转变，但总体上仍以自然演替为主导方式，人工生态重建覆盖面有限。在多数矿区，受限于复杂地形、气候条件及治理成本，边坡治理通常采用“顺其自然”的演替思路。然而，该方式受植物种源、土壤条件及水分资源等限制，恢复周期长，植被成活率低，难以满足矿区水土保持与生态恢复的综合需求。相较而言，人工干预可在较短时间内提升边坡稳定性与植被覆盖率，尤其在矿山弃置物裸露、岩质坡面陡峻或人为干扰强烈的区域，人工生态重建显得尤为关键。

在人工边坡生态治理中，坡面形态改造是一项前置性核心工程，主要通过削坡缓坡或构建阶梯式平台的方式，将原始高陡坡面转化为稳定性更高、利于植被生长的微地形结构。这一处理不仅可为后续施工机械提供操作平台，还有利于径流分散与种子滞留，显著提升植被建植效率。以江西永平铜矿为例，该矿区在生态重构过程中系统开展土壤改良工程，采用“点状开穴＋面状客土回填”组合方式，将表层贫瘠土壤替换为含有机质的农用客土，同时添加腐殖酸类有机肥和微生物菌剂以增强土壤活性。植物配置方面，结合坡面光照与水分条件，选择葛藤、蒺藜等藤蔓类与地被类先锋植物进行播撒，与带土球乔木（如湿地松、马尾松）混合建植，形成多层次、多结构的复合型植被体系，植被综合成活率最终达到60%～86.5%，实现了矿区绿化与生态功能的初步恢复。

昆阳磷矿则采取以自然演替为主、人工补播为辅的策略，优先引入适合瘠薄土壤的先锋草本植物如车桑子、白茅等，同时搭配坡面拦籽设施与草纤维基质喷播，有效促进了土壤固持和植物种群扩展，为后续演替提供基质支撑。而在边坡稳定性要求更高的区域，例如浙江某石灰岩矿山，生态修复工作则融合了岩土工程与生态工程两大体系，依托地质勘测结果，在关键高程设置多级马道及排水系统，实施随机锚固与坡脚格构式挡墙建设，并通过坡体覆土＋灌木乔木复合群落种植，显著增强边坡抗剪强度与生态防护功能。

此外，该工程引入现代生态修复工程技术，构建三维植被网结构体系，在坡面实施液压喷播，喷射含多种草籽、黏结剂及纤维基质的营养混合物，与土工格栅共同形成厚约10cm的腐殖质种植层，为种子发芽与植株生长创造理想的微环境。后期管理方面，则采用系统化养护措施，包括初期覆盖无纺布用于保温保湿、配置自动化滴灌系统精确补水、周期性追施氮磷钾复合肥并配合微生物菌剂改善土壤通气性与肥力；同时建立数字化苗情监测平台，对生长异常区域开展补植补播，并定期施用生物农药抑制腐霉与镰刀菌等真菌类病害的扩散。

通过上述一体化技术的实施，可使矿区边坡的稳定性系数提升至1.25以上，远超行业安全阈值，同时将年水土流失量控制在 $5t/km^2$ 以内，大幅降低地表侵蚀风险。综合评估结果表明，工程完成三年后，区域植被覆盖率从不足 15%提升至 85%以上，植物种类由单一草本拓展为涵盖乔、灌、草三层次的结构群落，生物多样性指数提升至 1.92，标志着生态系统初步实现功能性恢复，并兼顾景观重塑与生态安全双重目标。这种集地质安全、生态修复与景观改善为一体的边坡绿化模式，为我国露天矿山生态治理提供了可复制、可推广的参考范式。

4.2.3 排土场生态环境恢复与重建

排土场生态修复的实施路径在很大程度上取决于排土作业方式、地形条件、矿种特性以及矿山开采节奏等多重因素。总体而言，目前国内外排土场生态治理主要按两条技术路径推进：

一是同步型修复模式，即在排土作业过程中同步实施生态恢复工程，该模式适用于缓倾斜地貌或具备稳定内排平台的矿山企业，尤其在煤炭、建材类矿区中较为常见。该模式强调“边排土、边复绿”，可有效缩短生态功能恢复周期，并降低后期施工难度，具有施工便利性与恢复连续性的优势。例如，内蒙古某露天煤矿在排土场形成初步平台后即开展覆土与草本植物种植，并配套建设喷灌系统与防风网设施，促进土壤水分保持与种子成活，两年内植被覆盖率提升至 68%，同期粉尘扩散浓度下降 47%，这展示出同步修复在生态恢复与环境质量改善方面的良好协同效益。此外，研究表明该模式在提升矿区景观质量、缓解土地使用紧张局面及减少扬尘污染方面具有重要意义，已在多个资源型城市推广应用。

二是阶段性修复模式，该模式广泛应用于外排土场或地形起伏较大的金属矿山。由于金属矿开采通常采用分层台阶式排土结构，其排土过程往往伴随堆体不稳定、坡度变化大等问题，难以在未完成台阶结构前实施大规模生态修复。因此，阶段性修复通常采用“分层治理、逐步推进”的方式，依据排土进度同步开展平台整形、土壤改良、水利设施布设以及植被重建等关键环节。在青海某高原铜矿区，该模式通过分期构筑工程台阶，在完成一期台阶回填后进行坡度调整与客土覆盖，再分阶段种植耐旱灌木（如沙棘）与先锋草种，经 5 年监测，台阶面水土流失量减少 61%，土壤有机质含量提高 36%，表明其具备良好的生态恢复潜力与适应性。此外，阶段性修复模式还具备灵活调控、工程节奏协调、技术适配性强等优势，尤其适用于高海拔、低温或复杂地质条件下的矿山生态工程。基于对不同矿种与地理单元的适应性分析，该模式正逐步发展为西部山区矿山治理的重要技术路径。

根据排土场的物理结构、土壤资源条件与植被承载能力的差异，目前我国露天采矿排土场生态环境恢复与重建类型可大致划分为含基岩和坚硬岩石较多的排土场的生态环境恢复与重建、含有地表土及风化岩石排土场的生态环境恢复与重建、表土覆盖较厚的矿区排土场的生态环境恢复与重建三种。这三种类型既相互独立，又可因地制宜地交叉融合，共同构建具有地域特征和可持续性的矿山土地复垦与生态重建体系。

4.2.3.1 含基岩和坚硬岩石较多的排土场的生态环境恢复与重建

含基岩和坚硬岩石比例较高的排土场通常存在基质结构疏松、养分含量低、保水能力差等诸多不利于植物生长的理化特征，直接制约了农作物种植和林草植被重建的可行性。该类地貌形态在矿山开采强度较大或深层剥离作业频繁的露天采坑区域较为常见，原生土壤层大多遭受破坏或被完全剥离，导致生态恢复过程中“无土可绿”的问题尤为突出。因此，在生态修复实践中，通常需要借助人工垫覆方式，引入一定厚度（一般为30～50cm）的垦殖土或土壤替代物，构建适宜植物扎根与生长的生境基础。然而，在土壤资源稀缺、交通成本高昂或地质环境复杂的条件下，大规模调运垦殖土显然难以实现经济效益与可持续性并重的目标。

针对上述问题，近年来“废弃物资源化＋再生栽培基质构建”的生态修复技术体系逐步形成并获得实践验证。具体而言，可优选矿山开采过程中产生的大宗固体废物作为修复基质原料，包括岩屑、剥离表土、尾矿粉、冶金炉渣、粉煤灰、脱硫石膏、城市污泥、餐厨垃圾堆肥及建筑垃圾等多种来源的物料。这些固体废物在经过无害化处理与物理化学改良后，可被制备为具备一定团粒结构、持水力与缓释能力的再生栽培基质，用于替代垦殖土垫覆于排土场表层。处理工艺通常包括高温堆肥、重金属钝化、pH调节、有机质调配、功能微生物接种等环节，以实现其在水稳性、抗侵蚀性、植物可利用性等方面的生态功能转化。

例如，山西某煤矿排土场修复工程中，采用粉煤灰（60%）＋脱硫石膏（20%）＋污泥堆肥（20%）按比例混合，构建成30cm厚的再生栽培层，配合种植刺槐、紫穗槐和狗牙根等乡土先锋植物，在18个月内植被覆盖度提升至72%，地表年径流量减少55%，初步建立了稳定的土壤-植被系统。再生基质中的微生物活性指标显示：土壤呼吸强度提升1.8倍，土壤脲酶活性提高42%，表明生态功能正逐步恢复。

在植被选择方面，为适应低养分、风蚀强烈、干旱贫瘠的生态位条件，必须选用耐瘠薄、抗逆性强的乡土先锋物种。这类物种通常具备深根性、固氮能力强、恢复速度快等特性，能够在短时间内实现地表稳定与生态屏障构建。如马尾松、柠条、沙棘、紫穗槐、芨芨草等均为在我国多类型矿区修复中被广泛应用的物种。它们不仅具备良好的水土保持能力，还可通过植物-土壤正反馈机制促进土壤团粒结构的形成和有机质的积累，进一步提升人工栽培基质的生态适应性。

值得注意的是，重金属富集风险依然是资源型废弃物再利用中的重要考量因素，需依据《土壤环境质量　农用地土壤污染风险管控标准（试行）》（GB 15618—2018）及《中华人民共和国固体废物污染环境防治法》开展系统评估，必要时可引入生物炭、黏土矿物或铁锰氧化物等材料实现钝化或固定。此外，应加强对再生基质的长期稳定性监测，结合沉降变形、孔隙率变化及养分缓释规律等动态参数，建立科学的后评估机制。

对于以基岩和坚硬岩石为主的排土场，采取“固体废物资源化＋替代基质构建＋适生植物配置”的复绿模式，是破解土壤资源瓶颈、推进矿山生态修复的有效技术路径。未来应进一步优化基质改良配方，构建区域化种植模式，并完善政策支持与市场激励机制，实现生态效益与资源循环利用的协同发展。

4.2.3.2　含有地表土及风化岩石排土场的生态环境恢复与重建

含有地表土及风化岩石的排土场，由于其表层物质具备一定的自然成土基础和矿物风化潜力，在经过地形平整和简要处理后，可直接用于植物种植。这类排土场广泛存在于我国中西部金属矿山区域，尤其在山地丘陵地貌单元中分布较为集中，其基质成分主要为含有部分残留表层土壤的风化岩屑、碎石与砾砂等物质，具备初步的土壤发育能力和一定的水稳性。虽然与天然耕作层土壤相比，其养分含量和有机质积累显著不足，但由于岩屑母质中的钾、钙、镁等元素可通过化学风化逐步释放，在特定气候和微生物参与下可转化为植物可吸收形态，具备长期养分供给潜力。

我国金属矿山多位于资源禀赋良好但生态脆弱的山地丘陵带，如江西、湖南、四川、云南等省的铜、铅、锌、钨等矿山多处于丘陵坡地，原始地表土层浅薄，且开采过程中易遭到扰动剥离，难以回收用于垫覆。由于运输垦殖土或构建再生基质的成本较高，因此充分利用排土场自身风化岩石基质进行原位植被恢复成为实践中的常见路径。实践表明，风化岩屑中的长石类矿物在风化过程中可释放 K^+、Ca^{2+} 等养分离子，适当添加有机肥或微生物菌剂，可加速其土壤化进程并促进植物定植。

针对这类排土场，在地貌整理过程中一般采用缓坡整形与排水沟配套工程，保障地表水汇流不致造成冲刷侵蚀。在植被配置方面，通常选用抗逆性强、耐瘠薄、固根性好的乡土速生植物进行先锋绿化，如马尾松、刺槐、湿地松、紫穗槐、狗牙根、百喜草等，这些物种具有良好的生态适应性与固土保水能力，能够在贫瘠基质条件下快速定植并逐步改善地表生态结构。特别是豆科灌木和禾本科草本植物，通过根瘤菌固氮作用与地下根系扩展，能够有效提升基质氮素含量并增加地表粗糙度，利于后续演替物种的接续发展。

在种植初期应加强养护管理，包括覆草保湿、滴灌系统布设、缓释肥料补充以及病虫害防控等措施，以提高植物成活率和群落稳定性。以湖南某铅锌矿排土场为例，在进行初期平整并种植耐旱草本植物（如狗牙根和白茅）后，18 个月内地表平均覆盖度由不足 20%提升至 78%，地表径流减少 63%，土壤有机质含量提升 1.6 倍，这表明该类修复模式具有良好生态响应。

此外，微生物群落的引入对该类基质土壤质量的改善效果明显。相关研究表明，接种丛枝菌根菌剂（AMF）与解磷细菌可分别提升植物磷素吸收效率与根际微生物活性，促进根际生物地球化学循环加速，有利于贫瘠岩屑向土壤功能基质的过渡。结合原位风化资源的低成本优势，这类修复策略在经济性与生态性之间实现了良好平衡，成为适用于地形复杂、资源受限矿区的有效生态恢复路径之一。

对于含有地表土及风化岩石的排土场，在不具备大规模垫覆条件的前提下，可充分依托其风化潜能与自然资源禀赋，通过选种抗逆速生物种和适度生态工程措施，在中短期内实现较理想的生态恢复效果，为后续生态系统功能重建奠定基础。未来该模式还可与微生态调控、水分管理与种质筛选等技术手段深度融合，提升其在多样化矿区场景中的适应性与推广价值。

4.2.3.3 表土覆盖较厚的矿区排土场的生态环境恢复与重建

表土覆盖较厚的矿区排土场具备优越的生态修复基础条件，可通过直接利用原位或外运的肥沃表层土壤实施土地复垦与生态重建，广泛用于农林牧业。此类排土场的恢复策略以“因地制宜、分类施策”为原则，结合目标土地利用方式确定覆土厚度：若用于农作物种植，需确保覆土厚度不低于 0.5m，以满足农作物根系对水分与养分的获取需求；若目标为林业用途，考虑乔木类植物根系扎根能力较强，则可适度降低覆土厚度至 0.3m 以上；而对于牧业放牧或草本植物栽培区域，0.2m 以上的覆土即可满足草种生长需求。合理的覆土设计不仅能提升植物成活率，还能有效降低风蚀和水蚀风险，形成稳定的生态屏障。

生态恢复过程中，排土场平台区域可作为主要的植被重建空间，既可种植林木类固土植物，也可在加强有机质培肥、施用腐殖质及菌剂改良剂等措施的基础上发展农业种植区。对于边坡区域，需结合坡度、稳定性及水文条件，通过构建林草混播系统实现护坡绿化，起到防治滑坡与地表径流冲刷的双重作用。边坡林草群落的选择宜采用深根型先锋树种（如马尾松、湿地松、木荷）与根茎发达的草本植物（如百喜草、狗牙根、白茅）混播模式，以增强边坡整体生态稳定性与恢复速度。

广东石碌铜矿排土场的生态治理工程是典型案例之一，其治理措施系统性强，功能复合性突出。该排土场全长 3 公里，边坡高度达 50 米，存在较高的地质灾害风险。为确保生态与安全并重，治理方案首先对边坡进行阶梯式分级整形，将高陡边坡切割为多个缓坡台阶以削减坡体荷载，同时在坡脚适度增加荷载层以稳定边坡结构，提高整体安全系数。此外，工程同步建设多级边坡排水系统，包括坡顶截水沟、台阶面排水沟及坡脚导流沟等，有效引导雨水下渗与排出，防止地表径流对坡体造成冲刷侵蚀。整坡后的各级平台被系统性覆土，并选用适宜的经济林作物如龙眼、荔枝进行种植，不仅实现了边坡绿化与土壤固定功能，还通过发展高价值农业提高了土地利用的经济回报率。

更为重要的是，该排土场已被整体纳入矿湖公园建设范围，实现了“矿业废弃地—生态修复—景观利用”的空间转换。该实践表明，生态修复不仅是环境治理工程的终点，更可成为城市生态基础设施建设的重要组成部分。通过整合土地整治、生态修复与景观重塑三重目标，排土场生态重建可在恢复自然功能的同时服务于人类社会，实现绿色矿业向生态文明建设的战略延伸。

表土覆盖较厚的排土场在生态恢复中具有显著优势，通过科学规划覆土厚度、优化植被配置与整合坡面水土保持措施，可有效提升植被恢复效率、生态系统稳定性和土地再利用价值。未来，随着“矿地融合”理念的深化，该类修复模式将在资源型城市转型与退役矿山综合开发中发挥更加重要的生态与社会双重效益。

4.2.4　尾矿场的生态环境恢复与重建

矿山尾矿区生态修复是资源型地区可持续发展的关键环节，通常以“固基—改土—建植—稳态”四阶段为核心路径，旨在恢复受损地表生态功能、控制扬尘扩散、阻断污染物迁移，并提升土地再利用价值。当前最常见的修复模式包括表层覆土整备与直接植被重建。其中，通过对尾矿堆场进行地形重塑与表土覆盖，不仅能有效封闭污染物暴露面，防止重金属随风扩散形成二次污染，还可为后续植被定植提供稳定基质；而在部分地形稳定、基质条件相对适宜的区域，可直接开展耐逆性强的先锋植物播种，实现生态系统原位重建。总体而言，该类生态修复体系涵盖四个关键技术环节，缺一不可。

第一阶段是尾矿区基底环境特征评估。需对尾矿物理结构、粒径分布、pH 值、重金属含量、风蚀敏感性及渗滤液潜势等开展系统调查，明确生态修复所需的安全底线与风险约束。

第二阶段是基质改良与表层土壤构建环节。由于尾矿多为粉状或颗粒状细料，保水保肥能力差，缺乏有机质，偏酸或偏碱，必须通过添加改良剂（如生物炭、腐殖酸、无机钙镁复合盐、粉煤灰等）或覆加客土（厚度通常为 20～50cm），重构植物可利用生境。此外，若资源允许，还应引入城市污泥、堆肥或农业废弃物作为有机肥源，以增强微生物活性、改善土壤团粒结构，提升植被早期定植能力。

第三阶段为适生植物的筛选与驯化种植技术研究。修复用植物应具备以下几项基本特征：对土壤 pH 值和养分条件适应性强、根系发达且固土能力强、抗旱耐瘠、生命周期短、生物量高。优选本地乡土种类如早熟禾、狗牙根、百喜草、白茅、车桑子等，亦可引入具有重金属富集或耐受能力的超富集植物（如荞麦、蓖麻、蜈蚣草）进行生态阻隔与植物修复。种植方式上可结合液压喷播、条带种植、穴播及混播等形式，合理构建草本、灌木与乔木复层植被系统，提升群落稳定性与抗侵蚀能力。

第四阶段是群落结构优化配置与生态功能构建。尾矿区宜采用"先锋物种—中生物种—后期演替物种"逐级替代的动态演替模式，兼顾季节物候与空间结构稳定性。根据地势及排水条件差异，底部平台适宜构建灌丛＋草本复合群落，中坡区宜重点发展灌草带，边坡区域则强化乔木和深根性草本物种的配置以稳固边界。整个生态重建系统需同步建立植被监测、土壤养分动态评估与生态功能恢复评估机制，确保修复效果的长期性和稳定性。

以江西德兴铜矿尾矿库修复工程为例，通过30cm厚的客土覆盖与液压喷播配套种植百喜草、紫花苜蓿等乡土耐性植物，在3年内实现了植被覆盖率从0%提升至83%，表层土壤中全氮、速效钾含量分别提高了62%和49%，年均扬尘浓度下降近70%，显著改善了区域微气候条件与生态服务功能。综上所述，矿山尾矿区生态修复是一项多学科交叉的长期系统工程，其技术路径需融合地质工程、土壤科学、植物生态学与环境工程等学科的技术，构建兼具安全、稳定与生态功能的土地再生系统。

4.2.5 矸石山生态环境恢复与重建

矸石山是煤炭开采过程中产生的大量固体废物——煤矸石的集中堆放场地，是我国矿山废弃地治理的重要对象之一，其在所有类型矿山排土场中的占地面积约为1/3，具有广泛分布性和显著代表性。传统煤矸石排放方式多为露天堆置，常形成地形起伏较大的人工山体，对区域土地资源造成严重占用，同时易引发自燃、滑坡、重金属淋溶等环境问题。然而，近年来随着煤矸石综合利用技术的不断成熟，特别是在发电、制砖、水泥生产等领域实现产业化应用，煤矸石利用率显著提升。这种趋势不仅降低了新增矸石山的形成速度，还使部分原有矸石堆场逐步被清理腾空，促进了矸石山生态恢复方式由"山上恢复"向"山底恢复"演进，即修复重心从传统的山体表面绿化转向底部原堆放区土地的再生利用。

然而，矸石山生态恢复所面临的挑战依旧严峻。首先，矸石的长期堆放，以及风化作用、雨水淋溶与地下水浸泡等过程，会导致原地表土层被严重扰动和破坏，土壤理化性质发生显著变化。研究表明，矸石堆放区土壤普遍表现出偏酸性、有机质和速效养分含量极低、容重大且孔隙度差等特征，不仅限制土壤微生物多样性和活性，也严重影响植物根系的扎根与营养吸收。其次，矸石中常富含铁、铝、硫等矿物成分，在风化与氧化作用下易形成酸性渗滤液，释放出Fe^{2+}、Al^{3+}等离子和硫酸根，进一步加剧土壤酸化和重金属污染。例如，在某典型矸石山修复区，土壤中可交换态铝浓度超出背景值8～12倍，成为植被难以存活的关键限制因子。此外，部分自燃矸石堆中存在持续的热释放过程，致使地温长期维持在40～60℃，进一步提高修复难度。

针对上述问题，当前的"山底恢复"策略强调在矸石清理后对其堆放地开展系统性生态再构，主要包括：①场地整平与基质重构，必要时采用异地客土、有机肥、粉煤灰及黏土矿物混配形成新生耕作层；②土壤理化性质改良，通过添加生物炭、腐殖酸钙、矿物调理剂提升土壤缓冲能力和营养供给能力；③复绿技术选择方面，多采用耐瘠薄、抗污染、固根性强的先锋植物品种，如刺槐、柠条、沙棘、紫穗槐等，并辅以地被植物混播以提升群落稳定性；④生态工程措施方面，设置截排水系统和反滤层，控制面源污染与地下渗漏，避免污染物进一步扩散。以陕西铜川某矸石山生态修复工程为例，通过“客土＋生物炭＋植被重建”模式，治理区在3年内实现植被覆盖率从不足10％提升至78％，土壤速效氮、速效钾含量分别提高62.4％和53.1％，显著改善了区域生态质量。

随着煤矸石资源化利用的推进，矸石山的生态修复理念正发生深刻转变，从单纯的地表绿化向生态系统重建与土地功能恢复并重的系统治理方向演进。未来应进一步加强土壤重建机制与植物配置模式的协同优化，推动“矸石-土壤-植被-功能”四维耦合的生态修复路径，为废弃矿山的生态再生提供理论依据与工程示范。

4.2.5.1 地形处理

在生态修复工程实践中，矿山废弃地的地形处理是整个修复体系的基础性环节，其科学性与合理性直接决定着后续土壤重构与植被恢复的成效。针对不同地貌特征的矿区，应因地制宜选择地形整治技术路径。对于地形相对平坦的区域，通常采用机械平整与土地整理作业，通过削高填低、场地压实、表层改良等措施实现地表重构与排水系统布局，为后续土壤构建与植被栽培提供稳定基底。而在存在明显坡度的矿山边坡、废弃场边缘或丘陵区，则需结合地貌特征实施微地形工程，普遍采用穴植坑修整与等高梯田构筑相结合的方式。一方面，穴植坑可提高单位面积植被定植密度，有助于水分收集和根系生长空间的塑造；另一方面，梯田结构有利于减缓地表径流速度，增强雨水截留能力与土壤墒情稳定性，从而在提高水分利用效率的同时降低水土流失风险，显著提升植被种植的成活率和生长质量。

特别需要指出的是，在高酸度矸石堆积场地的生态修复中，地形整治工程不仅是物理空间重塑，更是污染扩散阻断的重要屏障。这类矸石体由于常年暴露于雨水和空气中，易发生硫化物氧化反应，释放出硫酸、亚铁等酸性物质，形成典型的酸性矿山废水。在淋滤作用与毛细管水分迁移机制的驱动下，这些酸性组分可沿土壤孔隙垂直迁移至地表土层，导致表层土壤pH迅速下降。研究表明，矸石堆酸性淋溶液可使表土pH降低2.5～4.0个单位，部分区域甚至达到3以下的极端酸性条件。如此低的pH环境不仅会抑制植物种子萌发和根系发育，还会导致铝、锰等金属离子活化并达到植物毒性阈值，从而影响植物的光合作用与水分代谢。同时，酸性条件严重干扰土壤微生物群落结构，造成硝化细菌、放线菌等关键功能类群的数量锐减，土壤酶活性显著下降，影响碳、氮循环与有机质转化效率，进而削弱整个土壤生态系统的修复潜力与自我调节能力。

因此，在矸石堆生态修复工程中，需实施系统的中和调理措施以消除潜在酸害。常用技术方案为：将生石灰（CaO）或石灰石粉（$CaCO_3$）进行粉碎处理后按比例均匀撒布于矸石表层，并结合机械翻耕至20～30cm深度，通过碱性物质与酸性组分的化学中和反应稳定土壤pH至中性偏弱碱性区间（约6.5～7.5）。同时，为提高中和效率与缓释效果，可在石灰调理基础上叠加施用生物炭、有机肥料与腐殖酸类土壤调理剂，构建具有缓冲性能的复合改良层。在完成pH调整后，需及时播撒先锋植物种子（如刺槐、柠条、车桑子等），并结合地表覆盖、灌溉及施肥措施，推动植被尽快成坪成片，以形成生态覆盖屏障，进一步稳定土壤理化性质，抑制酸性迁移与水土流失，最终构建具备自然演替能力与生态服务功能的稳定植被群落。

综上所述，地形处理不仅是矿山废弃地生态修复的物理工程起点，更是连接土壤改良与生态构建的纽带，其科学设计与实施质量直接关系到整个修复系统的功能恢复与长期稳定。特别是在高风险场地中，需将地形重塑与污染阻控同步纳入设计体系，通过综合调控措施为后续生态修复提供安全、高效的支撑环境。

4.2.5.2　植物措施

在矸石山生态修复实践中，物种选择与植被配置策略的科学性是决定生态系统构建质量的关键因素。由于矸石山立地条件普遍表现为土壤贫瘠、水分供给能力差、结构紧实度高且易受风蚀与水蚀影响，因此在植被恢复阶段需优先选用抗逆性强、适应性广、成活率高的林草物种。其中，耐干旱、耐瘠薄、根系发达、萌发力强且具有固氮能力的乡土树种和草种被广泛应用于修复工程中，典型代表包括火炬树（*Rhus typhina*）、刺槐（*Robinia pseudoacacia*）、白茅（*Imperata cylindrica*）及马尾松（*Pinus massoniana*）等。这些物种在适应高温、少水、微酸性土壤方面表现优越，且生长速度快、冠层形成迅速，有利于抑制风蚀和扬尘，稳定土壤结构，并通过根系分泌物促进微生物群落建立，增强土壤生物活性。

在具体植被重建过程中，应结合不同植物种类的生理生态特征实施差异化的栽培策略。对于落叶类乔灌木（如火炬树、刺槐、黄栌等），宜采用局部深度翻耕并掺混有机改良基质的点状栽植法，以提高根系触土深度与生根能力，同时在栽前进行断枝修剪、主干短截等预处理操作以降低水分蒸腾压力，增强定植初期的水分平衡能力。对于常绿类树种（如湿地松、杜鹃、女贞等），则需保留完整的根系土球并以苗木带土球的方式定植，确保根系不受干扰，以稳定植物水分吸收功能，提升移植成活率。草本类植物如多年生禾本科草类或豆科固氮草种（如紫花苜蓿、黑麦草）则适宜采用泥浆裹根移栽或土壤混合播撒方式，并辅以无纺布覆盖或薄层麦秸秆覆盖，形成适宜的微气候环境，促进种子萌发与幼苗定植。

矸石山废弃地生态修复的核心路径在于构建功能型人工植被系统，不仅要满足生态涵养功能，还需兼顾景观美学与土地再利用价值。当前修复重心主要集中在生态绿化与景观重塑领域，而非粮食类农业用途。这是因为矸石基质普遍存在保水保肥能力差、有害离子浓度高、结构松散或板结交错等问题，若无系统改良，难以支撑常规农作物生长。然而，若在矸石场开展农业开发，必须首先实施系统的酸度中和处理，通常通过施入石灰（$CaO/CaCO_3$）并翻耕混合的方式将 pH 调至 6.5 以上，随后在全场铺设 0.5 米以上厚度的表层垦殖土以改善土壤理化结构和微生态环境。

农业品种的选择亦需遵循适应性优先与生态效益为主导的原则。相较于高秆类作物（如玉米、高粱），低秆矮生类作物（如豌豆、绿豆）更适于在风力影响显著、土壤稳定性较差的矸石基质上生长；同时，蔬菜类作物由于需水需肥水平高、生长周期短，不宜大面积种植，而固氮类豆科植物不仅可提供一定的经济回报，更能通过根瘤菌的固氮作用提升土壤氮素水平，改善土壤结构，有助于建立良性生态循环系统。因此，在生态修复与农业利用的耦合设计中，应以“生态优先，经济兼顾”为核心理念，推动矸石山由生态负资产向复合利用资产转化。

矸石山生态修复必须综合考量立地条件、植被适应性及生态功能目标，通过科学选种、分区种植与技术匹配等措施，实现从单一绿化向生态、景观、生产复合化功能体系的跃升。同时，应加强后期养护与动态监测，确保修复系统稳定运行与持续优化，为矿区土地的生态重构与绿色转型奠定基础。

4.3 工矿区污染土壤的利用方法

工矿区污染场地的修复与再利用工作，作为国家生态文明建设与土地资源可持续利用战略的重要组成部分，其技术体系融合了矿山生态学、环境工程学、土壤学、地理信息科学以及景观生态学等多个交叉学科的理论与方法。基于采矿活动所带来的复合型环境扰动特征，修复工程不仅需关注地表形态的破坏（如挖损、塌陷、压占等），还需对重金属、有机污染物等造成的土壤质量劣化与生态系统服务功能丧失进行综合干预与恢复。工矿污染场地治理的目标不再局限于地貌复原或单一污染物去除，而是着眼于生态系统重构与土地功能再分配，强调“系统性、功能性与发展性”并重的修复思维。

具体而言，传统“原生状态复原”模式由于受地貌破碎度、污染累积强度及区域环境承载力的限制，在多数矿区场景中难以有效实施。而“生态功能恢复”路径则通过植物修复（如超积累植物提取）、微生物强化修复（如微生物协同降解）、土壤调理剂投施（如生物炭、膨润土等）等手段，实现对土壤基本生态服务功能的重建与维持，具有更强的现实可行性与适应性。同时，“系统重构”模式提出在土地形态不可逆转的背景下，应结合区域产业规划、生态红线与城乡空间布局等要素，通过构建复合利用型生态系统（如矿山湿地、能源林、景观型公园）或多功能土地平台（如文旅开发、工业遗址再生利用），实现资源型土地向复合型、复苏型土地的转变，从而兼顾生态安全、资源效率与社会效益。

因此，工矿区污染土壤的利用实质上体现为“恢复+重建”双路径并行的生态转型工程，其核心内涵在于：一方面，通过修复干预手段恢复污染土壤的生态功能、环境承载力与生产潜力；另一方面，重建原有生态系统中断的物质循环与能量流动路径，最终实现土地资源的生态化、功能化再生。该过程不仅是土壤理化性质重构的过程，更是生物多样性恢复、生态连通性提升与系统稳定性增强的过程。

从工程实践角度出发，工矿区污染土壤的利用路径具有高度的情境依赖性，必须根据具体污染类型、土壤质量、地貌特征及周边用地需求进行科学分类与精准施策。按照利用目的划分，污染土壤可分为农业利用型（前提是污染物浓度可控且经修复后满足农用土壤标准）、绿化景观型（污染物固定或稳定化后，通过地被植物建群形成生态缓冲带）、工程建设型（污染土壤经稳定固化后用于工业地基或道路建设回填）及生态隔离型（用于构建生态屏障带或构造生态滞纳区）。其中，农业利用型需严格控制食物链富集风险，绿化景观型则注重植物种植适宜性与景观效果的协同，工程建设型更侧重于力学稳定性和环境安全性，而生态隔离型则强调系统结构的生态完整性与阻隔功能。

工矿区污染土壤利用不仅是污染控制技术的输出场域，更是生态修复理念和国土空间优化战略融合发展的体现。其有效实施依赖于跨学科技术体系的协同支撑、科学分类的理论基础以及因地制宜的工程措施，以实现从“废弃负资产”到“生态正价值”的根本转化。未来，需进一步加强土壤污染过程机理研究、修复材料与工艺创新以及生态安全评价体系建设，为工矿污染土壤的可持续利用提供更坚实的科学支撑。

工矿区污染土壤利用是一项涉及多项工程要素与生态过程的系统性工程。其在实施路径上应依据工程阶段、土壤类型、土地功能定位及资源条件等多重因素进行分类施策，既要强化前期工程整治保障土地结构安全，也要注重生物修复与生态恢复的协同推进，从而推动工矿区废弃土地向绿色、复合、高效利用的可持续发展方向转型。

4.3.1　按照工程阶段和顺序划分的技术

按照工程阶段和顺序，工矿区污染土壤的利用主要可分为工程利用与生物利用两个基本阶段。这种分阶段治理体系不仅体现了“先工程、后生态”的渐进式恢复路径，也是实现土地功能转化和生态系统服务重构的技术基础。

其中，工程利用作为污染土壤再利用的初级阶段，主要目的是恢复地形结构、优化立地条件，为后续的生态修复与土地再开发奠定物理空间基础。该阶段以土地整治工程为核心任务，广泛应用各类矿山工程设备和技术手段，重点开展剥离与堆置原耕作层土壤、塌陷区和裂隙的充填压实、剥离物与建筑垃圾的筛选与回填、土壤物理性质改良（如施用石灰、石膏等改良剂以调节 pH 值与改善团粒结构）、土地平整与梯田修筑、水利配套设施建设（如排水渠、蓄水池）以及道路和作业平台铺设等作业。这些措施不仅提升了土壤表层的承载力和保水保肥能力，也为后续生态恢复、农业开发和城镇建设提供了工程支持。

相较而言，生物利用则属于土地利用的高级阶段，其核心目标是通过引入生物措施激活土壤生物活性，恢复土壤的生物地球化学循环功能，进而实现废弃地的生态重建与可持续利用。此阶段的关键技术路径包括对表层土壤进行系统性培肥（如增施有机肥、生物炭、腐殖酸等）与理化性质改良（如提升阳离子交换量与缓冲能力）、建设与农林利用相适应的附属基础设施（如防风带、水渠、林带围栏等）、依据目标利用方向选用合理的耕作制度（如轮作、休耕与间作）、优选适生农作物及乡土树种以增强生态系统稳定性、因地制宜实施灌溉排水管理（如喷灌、滴灌、渗排系统建设）、构建基于生态功能和景观价值的土地利用格局（如农业观光区、绿色缓冲带、生态游憩区）等。此外，该阶段还应高度重视地下水位与地表径流的动态调控，通过湿地构建与植被覆盖提升水体自净能力，实现区域水文过程的逐步恢复。

4.3.2　按照工程方法和措施划分的技术

按照工程方法和措施，工矿区污染土壤的利用可划分为充填利用与非充填利用两大类型。

充填利用主要指利用固体废物或修复后的土壤对采空区、塌陷坑或低洼地形进行填埋覆土，恢复其地貌原貌或构建新的土地功能平台。该类利用模式不仅是污染物资源化利用的重要途径，也是节约土地资源、控制沉降灾害和降低工程治理成本的有效手段。目前，在国内外矿区治理实践中，充填技术已发展为标准化、模块化的综合利用体系。依据充填基质特性差异，该技术体系主要包含五大应用方向：①煤矸石回填体系；②粉煤灰固化处置；③城市固体废物协同处置；④复合型工业废渣再生利用；⑤河湖底泥资源化工程。其中前三类技术已形成标准化作业流程，后两类则处于技术创新迭代阶段。此外，露天剥离物用于地下矿井塌陷充填、倒堆法进行空间复垦等，也属于充填利用的重要方式。

充填利用的优势在于可实现固体废物的无害化处置与土地资源的同步恢复，具有显著的环境效益与经济回报。但需指出的是，随着我国固体废物资源化利用技术的不断提升，废弃物被优先用于建材制造、土壤改良材料和能源回收等高附加值路径，导致用于土地充填的资源份额有所下降。据统计，目前全国范围内充填利用在污染土壤再利用中的占比约为15%，并呈下降趋势。这也促使非充填利用方式日益成为主流，尤其是在生态农业发展、城郊复合用地布局与城市边缘区绿化带建设等场景中，非充填模式以其灵活性和多功能性获得广泛应用。

非充填利用是一种以生态恢复与土地再利用为核心目标的工程技术路径，自20世纪80年代以来逐步发展完善，已成为矿山废弃地治理与土地复垦的重要形式之一。该方法强调在不对采空区、塌陷区等空间实施完全填充的前提下，依托区域自然地理基础，依据主导环境因子理论，综合考虑地形地貌、土壤结构、水文条件与植被类型等因素，因地制宜地重构受损土地的生态功能与生产功能。其本质在于通过人工工程与自然过程的耦合协调，重建废弃地的地貌结构与生态承载力，从而实现土地价值的恢复与提升，避免了大规模填埋所带来的高额成本与生态破坏风险。

非充填利用的工程方法体系涵盖了一系列地形重塑与土壤优化措施，主要包括：①塌陷区土地平整法，通过削坡填洼、台阶式填垫或分区施工方式恢复地面平整性，适用于轻度到中度沉陷区域；②梯田法，主要用于坡度较大的采空边坡或塌陷边缘区，通过开设水平梯级，结合拦渣带、排水沟等水土保持设施，有效提升土地稳定性与耕作性能；③疏排法，针对因采矿扰动导致地下水位升高或地表积水的问题，采用暗管、渗沟或拦截沟进行系统排水，恢复土地正常水文循环；④深沟台田法，适用于沟壑发育区域，通过高差改造、分层填土与水保措施协调实施，将深切地貌区修复为可耕台地；⑤挖深垫浅法，通过对局部高位地形的削低与低位地形的填高，兼顾土体置换与土地平整双重目标，适配农林复合利用需要；⑥坡地整形法，通过边坡重塑、分级削缓与平台开设等措施控制边坡稳定，降低滑坡及崩塌风险。

在此基础上，非充填技术还广泛应用于边坡稳定工程与特殊区域的生态恢复，例如：对采矿边坡实施机械整形、植生网覆盖、锚杆锚索加固等组合措施，提升边坡长期稳定性；废矿坑通过蓄水、造景、种植耐湿植被等方式转化为生态湖泊或城市湿地，实现水体生态利用；尾矿库则通过微地形重塑、植被重建与土壤改良构建安全可绿化平台；矸石山经过压实整形、覆土覆绿与封场管理，可转化为景观林地或生态屏障带。上述工程技术均以减少土地扰动、提升生态弹性与土壤再生能力为核心导向，注重低碳、节约型修复路径，强化自然恢复力的介入与引导。

与传统填埋式复垦相比，非充填利用具有多重优势。首先，其结构灵活、适应性强，可针对不同地质地貌条件快速匹配相应治理措施，具备较强的工程可操作性；其次，非充填工程对土壤原位特征干扰较小，保留了部分自然地貌与土壤系统的连续性，有利于生物群落的自然演替与植被生态位的恢复；再次，该类方法投入相对较低，建设周期短，对工程设备要求简单，广泛适用于资源型地区尤其是中小矿区的复垦实践。

然而，非充填利用也存在一定的局限性，其后期管理成本相对较高，尤其在植被养护、水利调节与地质稳定性维护方面需长期投入，方能确保土地利用功能的持续性与生态系统的稳定性。此外，由于土地再利用形态多样，最终利用效果受地区气候条件、社会需求变化及治理技术成熟度等多重变量控制，其应用效果表现出明显的区域差异性。因此，为提升非充填利用工程的实效性与安全性，应在实施前强化地块适宜性评估、制订长效维护计划，并探索智能监测、远程感知与生态反馈机制在修复工程中的集成应用，逐步建立一套“工程干预-生态调控-功能评价-动态管理”相结合的非充填土地利用综合技术体系。

4.3.3　按照利用对象和土地破坏类型划分的技术

按照利用对象与土地破坏类型的不同，工矿区污染土壤的利用可划分为五大类：采矿场利用、排土场利用、矸石山利用、尾矿场利用与塌陷区利用。每一类型都对应着特定的生态破坏形式与土地退化特征，在修复与再利用路径选择上具有显著差异。

其中，塌陷区利用被认为是目前最广泛、也最具挑战性的土地恢复类别，尤其是在煤炭资源集中开采区域。根据中国煤炭工业协会相关测算数据，地下采掘每提取 1 万吨原煤，约造成 3～5 亩土地出现不同程度的塌陷变形，这种地质扰动导致地表产生不均匀沉降、地裂缝、断裂带、水系切断与基础设施损毁等问题，严重削弱土地的生态服务功能和农业利用能力，已成为制约矿区可持续发展的主要因素之一。因此，针对采煤塌陷区这一典型土地破坏类型，应优先开展生态地质评估与分区治理策略，推动“工程＋生物＋管理”三位一体修复路径的系统构建。同时在土地再利用功能选择上，鼓励因地制宜发展复合型用地模式，如生态农业、牧草种植、水产养殖、风景旅游与生物碳汇等，逐步推动矿区污染土壤从“被动恢复”向“生态转型”与“可持续发展”跃迁。

除塌陷区外，其余几类土地破坏类型也需分类施策：采矿场利用侧重地貌重塑与植被重建，尤其是在露天采坑的生态功能恢复与景观转型方面已取得一定成效；排土场利用则强调再生土壤构建与生态农业开发，在我国西南喀斯特地区的矿山修复中广泛应用；矸石山利用目前正向“清理＋重构”双路径发展，强调对历史矸石场的整理和对再利用地表的复绿；尾矿场利用则突出重金属污染防控与生态安全屏障构建，常采用覆土压实、微地形构建与稳定植被系统三位一体的技术。

参考文献

[1] 邓波．地下水与土壤污染［M]．北京：科学出版社，2010.

[2] 朱研．危险化学品场地修复［M]．北京：化学工业出版社，2019.

[3] 唐新生．军工污染安全治理［M]．北京：科学出版社，2018.

[4] 海燕．土壤动物与生态修复［M]．北京：中国农业出版社，2014.

[5] 刘晓东．工业污染场地治理［M]．北京：高等教育出版社，2016.

[6] 熊国强．化学污染控制［M]．北京：冶金工业出版社，2015.

[7] 王凯旋．生物固体废物利用［M]．北京：中国环境出版社，2013.

[8] 吴立群．土壤治理政策与法规［M]．北京：法律出版社，2018.

[9] 陈君婷．生态修复工程［M]．北京：高等教育出版社，2020.

[10] 李红英．煤矸石生态治理［M]．北京：冶金工业出版社，2012.

[11] 徐明．环境风险评估技术［M]．北京：中国环境出版社，2021.

[12] 周立．环境修复材料［M]．北京：化学工业出版社，2019.

[13] 孙海军．环境地质修复［M]．北京：地质出版社，2015.

[14] 贺军．生态农业与污染治理［M]．北京：中国农业出版社，2018.

[15] 王丹．环境毒理与土壤污染［M]．北京：科学出版社，2010.

[16] 吴文．农田污染防控［M]．北京：中国农业出版社，2016.

[17] 陈光．矿山恢复土壤修复［M]．北京：冶金工业出版社，2013.

[18] 马定良．地表水与土壤污染修复［M]．北京：化学工业出版社，2017.

[19] 李建军．综合环境修复［M]．北京：高等教育出版社，2022.

[20] 王斌．工业场地污染治理［M]．北京：中国环境出版社，2019.

[21] 刘国强．环境动力学［M]．北京：科学出版社，2014.

[22] 宋涛．填埋场修复工程 [M]. 北京：冶金工业出版社，2011.

[23] 高靖．有机土壤污染修复 [M]. 北京：化学工业出版社，2018.

[24] 董强．矿区复垦技术 [M]. 北京：地质出版社，2020.

[25] 郭莉．大气-土壤-水协同修复 [M]. 北京：科学出版社，2021.

[26] Zeng X, Xu X J, Boezen H M, et al. Children with health impairments by heavy metals in an e-waste recycling area [J]. Chemosphere, 2016, 148: 408-415.

[27] Li H B, Dong X L, da Silva E B, et al. Mechanisms of metal sorption by biochars: Biochar characteristics and modifications [J]. Chemosphere, 2017, 178: 466-478.

[28] Li R, Wang J J, Zhou B, et al. Simultaneous immobilization of lead, cadmium, and arsenic in contaminated paddy soil using a nanoscale zero-valent iron-biochar composite [J]. Ecotoxicology and Environmental Safety, 2017, 142: 543-550.

[29] Hou D, O'Connor D, Nathanail P, et al. Integrated risk assessment and linkage of soil pollution with human health in China: A critical review [J]. Environment International, 2017, 112: 294-309.

[30] Shi L, Zhang X, Chen Z, et al. Advances in methods for characterization of nanomaterials in environmental matrices [J]. TrAC Trends in Analytical Chemistry, 2021, 134: 116112.

[31] He Z L, Yang X E, Stoffella P J. Trace elements in agroecosystems and impacts on the environment [J]. Journal of Trace Elements in Medicine and Biology, 2005, 19 (2-3): 125-140.

[32] Ahmad M, Rajapaksha A U, Lim J E, et al. Biochar as a sorbent for contaminant management in soil and water: A review [J]. Chemosphere, 2014, 99: 19-33.

[33] Antoniadis V, Shaheen S M, Boersch J, et al. Bioavailability and risk assessment of potentially toxic elements in garden edible vegetables and soils around a highly contaminated former mining area in Germany [J]. Journal of Environmental Management, 2017, 186: 192-200.

[34] Chen M, Xu P, Zeng G, et al. Bioavailability and risk assessment of heavy metals in soil - rice system: A review [J]. Chemosphere, 2016, 150: 243-254.

[35] Luo L, Ma Y B, Zhang S Z, et al. An inventory of trace element inputs to agricultural soils in China [J]. Journal of Environmental Management, 2009, 90 (8): 2524-2530.

第5章 污染土壤修复技术

5.1 污染土壤修复技术分类

污染土壤修复是环境科学与工程领域中的一项关键性技术任务，其核心目标在于通过多种科学手段降低土壤中有害污染物的环境风险，恢复土壤的生态功能与利用价值。根据不同学科视角与污染评价标准的差异，污染土壤修复的定义具有多元性。从土壤污染的绝对定义出发，凡是污染物浓度超过国家或地区环境标准的土壤即构成污染，需立即启动修复措施；而从相对定义角度看，则强调污染物浓度超出土壤生态系统的自净承载能力或土地预期用途所需的环境安全阈值；综合性定义则兼顾土壤物理、化学和生物过程的动态平衡，以及人类健康与生态系统稳定性所需的多维考量。因此，污染土壤修复（soil remediation）不仅是一种工程处置手段，更是一项集环境治理、生态修复与风险控制于一体的系统性干预行为。

在传统意义上，污染土壤修复通常是指通过物理、化学或生物手段对受污染的土壤进行处理，促使污染物发生物理固持、化学配位、微生物降解或植物吸收等作用，进而实现污染物浓度降低、毒性减缓或迁移能力降低，使土壤污染水平满足土地规划用途对应的环境质量标准要求。随着环境风险评估理念的推广和污染地块再利用需求的提升，修复技术体系已从“末端治理”向“全过程管理”延伸，不仅包括传统的污染物清除或稳定，还拓展至围控、阻断、功能替代与风险监控等全生命周期控制路径。因此，现代污染土壤修复已逐步演化为涵盖现场调查、风险识别、技术选择、治理实施和后期管理等多环节的综合性生态重建过程。

值得注意的是，虽然土壤本身具备一定的自净能力，例如通过物理吸附、化学缓冲、微生物降解等自然过程对污染物进行缓释与转化，但当外源污染负荷超出其承载阈值时，这一功能将失效甚至崩溃，导致污染物在土壤-植物-水体系统中积聚迁移，引发更广泛的生态和健康风险。因此，污染土壤修复技术实质上是在模拟和强化自然自净作用的基础上，构建更加高效且可控的污染削减路径，以实现生态环境质量的根本改善。

基于上述修复目标与过程机理，当前主流的污染土壤修复技术体系主要分为三大类：其一为物理修复技术，如热解吸、电动修复、机械筛分等，主要通过能量输入与物质迁移手段实现污染物的空间隔离与富集去除，适用于重金属、高浓度有机污染等场景；其二为化学修复技术，包括原位化学氧化（ISCO）、化学还原、固化/稳定化和淋洗等方法，通过调节土壤化学环境促使污染物转化为低毒或稳定状态，是处理含多种无机污染物土壤的重要路径；其三为生物修复技术，涵盖微生物修复、植物修复及生物通风等，依托土壤中微生物代谢与植物吸收富集等生物过程，适合处理中低度污染且生态安全要求较高的地块。

随着污染场地类型复杂性与污染物协同效应的加剧，单一修复手段的局限性日益凸显，促使多技术协同应用成为发展趋势。例如，在重金属与有机物复合污染地块中，常采用“固化-植物-微生物”联合修复技术，实现结构稳定、风险控制与生态功能恢复的有机结合。未来污染土壤修复的发展方向将更加注重系统集成与智能管控，强化污染源头识别、过程精准调控及修复成效评估等环节，逐步实现从“污染控制”向“生态重构”转型升级，推动土壤资源的可持续利用与生态文明建设高质量发展。

5.1.1　物理修复技术

物理修复技术作为污染土壤治理体系中最基础且应用广泛的一类方法，以物理原理为主导，通过改变污染土壤的物理状态或污染物的空间分布，实现污染物去除、毒性削弱或迁移性抑制等修复目标。该类技术通常不依赖复杂化学反应或生物过程，操作工艺相对直接，技术成熟度较高，适用于多种类型的污染场地，尤其在早期污染控制、重度污染隔离及复合污染应急处置中发挥了重要作用。物理修复的核心机制包括污染物的空间转移（如抽提、隔离）、相态变化（如热解、熔融）与土壤结构重塑（如翻土、客土）。

目前，物理修复技术可细分为以下若干技术分支：①多相分离工艺，主要应用于液-固、气-固等多相污染体系，借助离心、浮选、真空抽提等手段将污染物从土壤颗粒表面脱附并加以分离；②土壤重构技术，包括原位翻土与异位客土两种形式，前者适用于改善土壤通气性与促进污染物降解过程，后者则通过剥离受污染土层并引入清洁表土实现功能恢复；③土壤气相抽提（soil vapor extraction，SVE）系统，适用于挥发性有机污染物（VOCs）污染土壤的修复，通过负压系统诱导污染物汽化迁移，实现高效抽除；④高温熔融玻璃化技术，主要用于处理含有重金属及放射性元素的危险污染物，通过高温将污染土壤熔融为稳定的玻璃状固体，彻底封存污染物，显著降低其环境释放风险；⑤热解吸修复工艺，通过升温加速污染物蒸发和解吸，是针对有机污染特别是石油烃类污染的重要修复方式；⑥化学固化稳定化处理，属于物理-化学交叉技术，但在工程实践中归类为物理修复的一种变种形式，通过添加黏结剂（如水泥、石灰、粉煤灰等）将污染物包裹或固定在不溶结构中，减少其迁移性与生物可利用性。

此外，为提高物理修复的适用性和效率，近年来还发展了诸如电动修复与高压冲洗等辅助物理手段，前者通过电场驱动污染物迁移，适用于细粒土壤及低渗透性介质中的重金属污染治理，后者则利用高压水流对表层污染物进行剥离与冲刷，主要应用于地表油污和表层污染物的快速清除。总体而言，物理修复技术具有施工周期短、治理效果直观、污染物控制能力强等优点，适合高风险污染场地的紧急治理或作为其他修复技术的前置步骤。然而，其潜在缺点亦不可忽视，如部分技术成本较高、修复过程可能破坏土壤结构或有再污染风险，且对生态系统功能恢复的贡献相对有限。因此，在实际应用中，应结合污染特征、场地条件及修复目标，科学选用物理修复技术或将其与化学、生物等技术有机集成，构建高效、安全、可持续的土壤修复体系。

5.1.2　化学修复技术

基于化学反应机制的环境治理技术是当前污染土壤修复领域的重要组成部分，它依托化学原理与反应动力学控制污染物行为，通过添加外源性化学试剂或激发土壤内部物质的反应潜能，实现污染物的稳定化、降解或无害转化。此类方法的主要作用机制包括氧化还原反应、配位反应、沉淀反应、pH 调节与溶解度控制、离子交换作用以及电化学耦合反应等，是针对重金属污染、有机污染及复合污染问题的关键干预路径。其核心理念在于通过调控土壤微环境的化学参数，打破污染物与土壤组分之间的稳态结合或迁移势能屏障，从而改变污染物的形态、生物有效性或迁移能力，以降低其生态风险与人体暴露风险。

具体而言，重金属污染土壤常采用化学钝化法，通过添加铁盐、石灰、磷酸盐、硫化物、黏土矿物（如膨润土）等钝化剂，与重金属离子形成不溶性配合物或沉淀［如 $Pb_3(PO_4)_2$、ZnS 等］，从而将活性形态的重金属转化为非活性或弱迁移性形态。此外，pH 调节亦是关键手段之一，如施用石灰［$Ca(OH)_2$］或碳酸钙类物质提高土壤 pH，可有效降低铅、铜、锌等金属离子的溶解度，增强其在土壤中的固持能力。而对于有机污染物，常采用高级氧化（AOPs）法如 Fenton 反应、臭氧氧化、过硫酸盐激活体系（如 $Fe^{2+}/S_2O_8^{2-}$）、光催化氧化等，通过产生羟基自由基等高反应性中间体，对多环芳烃（PAHs）、多氯联苯（PCBs）、苯系物等有机污染物进行分子断裂与氧化降解。

配位萃取技术在土壤修复中亦得到广泛应用，常见萃取剂包括乙酸盐、柠檬酸、EDTA 等，通过螯合与置换作用促使土壤中金属离子解吸进入液相体系，从而实现污染物的迁移与后续回收。针对复合污染场景，还可通过组合药剂耦合使用形成协同反应，如同时加入氧化剂与表面活性剂，加速污染物的溶出与降解过程。同时，电化学法逐渐成为研究热点，通过电场诱导阳离子迁移或激发水解反应，实现污染物的定向迁移、氧化或还原转化，该方法尤其适用于低渗透性黏土与高含水量土壤的污染修复。

需要指出的是，化学修复技术具有处理效率高、反应可控性强、适用范围广等优势，尤其在污染物浓度较高、急需风险控制的场地中应用效果显著。然而，其也面临一些挑战，如化学药剂的残留问题、次生污染的潜在风险、偏高的处理成本及原位均匀投加的难度等。因此在工程实践中，需结合污染物种类、土壤特性及修复目标，制定科学合理的药剂选择与投加方案，并通过实验验证其环境安全性与长期稳定性。未来发展趋势将更加注重绿色低碳的修复理念，探索天然矿物、生物基材料（如壳聚糖、海藻酸盐）、多功能复合材料等新型化学修复材料，通过材料优化实现环境友好与修复效率的双重提升，推动化学修复技术向智能化、集成化与可持续方向发展。

5.1.3 生物修复技术

生物修复技术是一种以自然界生物为主导，通过其生命活动实现污染物迁移、降解、转化或固定，从而恢复生态系统功能的绿色修复手段。广义上，该技术涵盖植物、动物与微生物三大类生物因子的协同作用，其基本原理是利用生物体与污染物之间的生物地球化学反应过程，通过物质循环路径将污染物由毒性态转化为低危态或无害形态，从而降低其生物可利用性与生态风险。主要机制包括：植物通过根系吸收和地上部富集污染物，部分植物还可通过蒸腾作用将污染物释放至大气；动物则通过摄食、迁移与生理排泄等行为，重构污染物在土壤系统中的空间分布；而微生物则借助其酶系统和代谢网络，实现对有机污染物的生物降解，以及重金属的生物氧化还原、生物吸附沉淀等关键过程。生物修复不仅强调污染物的清除，更注重土壤生态功能的重建与系统稳定性的恢复。

该技术体系可进一步细分为三个子类：一是以微生物为主的生物降解（biodegradation）技术，通过筛选高效降解菌株（如石油降解菌、脱氯微生物等），并构建优势微生物群落，实现污染物的矿化、断链、酶促氧化等反应路径，广泛适用于石油类、多环芳烃、酚类、有机氯农药等污染物的处理；二是植物修复（phytoremediation）技术，包括植物富集、植物稳定化、植物提取、植物降解等多种策略，常用于重金属和有机污染物共存场景，其中金属超富集植物如紫茉莉、蓖麻、芥菜等在污染治理中展现出良好的适应性和净化效率；三是动物修复（zooremediation）技术，以蚯蚓、土蜂、螨类等土壤动物为介质，利用其扰动作用、代谢排泄以及粪便团粒构建特性，提高土壤的通气性与微生物活性，间接促进污染物的降解过程。

狭义上的生物修复多特指微生物修复技术，其优势在于可在自然条件下实现污染物的持续降解，尤其适用于长期低浓度污染场地治理。现代微生物修复技术进一步发展出基因工程微生物（GEMs）、共代谢机制强化技术、生物表面活性剂辅助修复等多种先进路径，在实现污染物有效降解的同时，降低修复过程中的生态风险。

相较于传统的物理化学修复手段（如化学氧化、热解吸、固化/稳定化等），生物修复具有运行成本低、对土壤结构扰动小、生态友好性强、修复后可维持生物多样性等显著优势，尤其适合污染负荷较大但修复时限充裕的场地。物理化学方法尽管修复速度快、去除效率高，但往往存在运行成本高、操作复杂、对土壤微环境破坏性强、易引发次生污染等技术瓶颈，通常适用于突发性污染或高危场地的应急处理。因此，在中长期修复项目中，生物修复正逐渐成为主流路径。

根据实施场地的空间位置差异，生物修复可进一步分为原位修复（in situ bioremediation）与异位修复（ex situ bioremediation）两类：原位修复是在污染土壤未挖除的前提下，通过直接在现场布设修复体系实施污染治理，具有成本低、扰动小、工程量小等特点，广泛适用于大面积或中低浓度污染场地；异位修复则需先将污染土壤挖出，转运至处理厂或修复平台后集中治理，尽管运输与施工成本较高，但可精准控制修复参数与污染物去除路径，适用于高浓度污染地块及需进行功能转换的地块项目。两类修复方式可根据场地条件与修复目标灵活组合，形成“原位＋异位”的集成技术体系，以实现修复效率与经济性的双重最优化。

近年来，随着分子生物学、环境基因组学与土壤生态学的深入发展，生物修复技术已进入智能化、定向化阶段。未来生物修复技术的发展将更侧重于修复效率与生态安全性的协同控制，如构建植物-微生物联合体系统、开发多酶协同催化机制、利用土壤组学方法监控修复过程，以及建立污染场地修复的“风险-功能-监测”三位一体的管理体系，推动生物修复从污染控制向生态重建全面升级。

5.2 污染土壤修复技术分述

5.2.1 物理修复技术

物理修复技术是指基于污染物在土壤环境中所表现出的吸附、扩散、迁移、蒸发等物理行为规律，通过物理过程对污染物进行转移、隔离、浓缩或清除，从而实现污染控制与环境质量恢复的一类修复手段。该技术体系不依赖于化学反应或生物转化，而是充分利用污染物与土壤介质之间的物理性质差异，如粒径、密度、挥发性、溶解性等，实现污染物与土壤颗粒的有效分离。物理修复适用于多种污染物类型，尤其在应对高浓度污染、有毒急性污染事故及场地功能需快速恢复等特殊场景中表现出显著优势。

在国内外众多土壤污染治理实践中，物理修复技术已形成较为成熟的工艺体系，涵盖原位修复与异位修复两种形式。典型的技术路径包括土壤气相抽提、土壤热解吸、土壤筛分及覆盖封闭等方法。这些技术根据污染物理化性质及土壤结构特征，实施差异化治理，能够快速降低污染浓度，控制污染扩散路径，为后续的深度修复或生态重建提供有利条件。其中，土壤热解吸技术通过高温加热加速污染物挥发，适用于处理石油烃类、多环芳烃（PAHs）及部分有机氯化合物等中高挥发性有机物；土壤气相抽提则利用真空抽吸的方式去除地下土壤中存在的挥发性污染物，广泛用于加油站、化工厂等场地的原位修复。

相较于化学和生物修复手段，物理修复具有修复周期短、效率高、可控性强、污染物转化过程清晰可见等优点。特别是在应急事件发生后，如在石油泄漏、重金属污染事故等突发性污染场景中，物理修复可迅速切断污染迁移路径，避免进一步污染地下水或蔓延至周边环境，有效降低环境风险与社会危害。在治理高浓度污染地块时，物理技术还能作为“前处理”手段，先行去除污染物负荷，为后续的生物或化学修复创造适宜条件，形成“物理-化学-生物”协同修复路径。

然而，物理修复技术也存在一定局限性。例如，该技术通常难以彻底消除污染物本身，污染物多为“迁移或浓缩”而非“降解”，因此易产生二次污染风险；部分技术设备复杂、能耗较高，适用范围受地形、污染深度及污染物类型等因素影响较大。此外，对于深层污染或非挥发性污染物，物理手段的去除率有限，需与其他修复技术联合应用。

尽管如此，在当前污染土壤修复领域，物理修复仍是首选技术之一。其在土壤环境保护中的核心作用在于迅速阻断污染扩散通道，降低污染物在土体中的活性与迁移性，从而有效控制污染范围，为实现区域生态安全与可持续发展奠定基础。未来随着智能化控制系统与物理参数模拟软件的持续发展，物理修复技术将朝着高效、精细、智能方向不断升级，进一步拓展其在复杂污染场景中的应用潜力。

5.2.1.1　物理分离

物理分离技术是一种基于污染物与土壤基质之间物理性质的差异，利用成熟工业分选手段实现污染物从土壤中脱附、分离与富集的土壤修复技术。该技术起源于化工、采矿与选矿等工业领域，近年来逐步在土壤环境治理中得到应用和优化，尤其适用于污染物在粒径、密度、磁性、电荷或亲疏水性等方面与土壤颗粒呈现可识别差异的复合污染体系。其核心优势在于能在不显著改变土壤结构和化学性质的前提下，快速剔除污染物组分，实现污染物减量化与资源化利用的双重目标。

物理分离技术主要包括四类典型分离路径：其一为粒径差异分离，利用污染物与土壤中颗粒粒径的不同，通过筛分、过滤、微孔过滤等手段进行物理筛选，常用于去除颗粒态污染物或重金属富集于细粒组分中的土壤；其二为密度分离，基于污染物与土壤组分密度不同，通过重力沉降、液体浮选或离心分离等方法实现污染物提取，特别适用于铅、镉、砷等重金属污染的黏质土壤治理；其三为磁选分离，针对含铁、镍、钴等具有一定磁响应能力的重金属或其化合物，通过强磁场处理可实现高效回收与脱附，部分研究亦证实，有机污染物包裹于磁性载体中后，可辅助去除；其四为泡沫浮选分离，利用污染物与土壤表面张力或亲疏水性的差异，在气液界面形成富集带后进行界面分离，已广泛应用于有机磷农药及多环芳烃类污染土壤的处理过程中。

适合采用物理分离的土壤污染类型通常具有如下特征：污染物以颗粒态、吸附态或可交换态为主，且在粒径分布、相对密度特性、磁性表现或表面荷电性质等方面与土壤基质存在显著差异。例如，重金属污染土壤中常呈现出高浓度污染物富集于细粒组分或表层团聚体的现象，可通过干式或湿式物理分离技术将污染富集层剥离，实现污染物的空间富集与体积压缩。在选矿型土壤修复工程中，重选法被用于高效脱除汞、铬等重金属，膜分离技术则对金、银、铂等稀贵金属实现回收利用，在提高环境治理效率的同时也实现了资源化再利用。

实际工程应用中，物理分离常作为土壤修复的初级处理模块，与化学淋洗、热解吸、生物修复、电动修复等深度修复技术形成“预处理-主修复”的工艺组合路径。通过物理分离，将污染物富集于目标粒径或组分中，可有效降低后续处理系统的处理体积和成本，提升整体修复效率。以重金属污染土壤为例，先实施物理分离剥离高污染黏粒组分，再采用螯合剂淋洗去除残余重金属，可大幅提升土壤修复程度，缩短修复周期。

然而，物理分离技术也存在一定局限，如对土壤扰动较大，难以保留原生土壤结构；在污染物以可溶态或化学结合态存在时，物理方法难以彻底去除，需联合化学转化等手段共同治理。此外，对于多相污染土壤（如重金属与有机物共存）或深层复合污染情境，单一物理技术难以实现全面治理目标。因此，未来应加强物理分离技术与其他修复技术的工艺耦合与场景适配研究，推动其在复杂污染治理中的集成化应用，为土壤污染防治提供更加高效、安全与可持续的解决方案。

5.2.1.2 土壤气相抽提技术

土壤气相抽提（soil vapor extraction，SVE）技术是一种广泛应用于修复不饱和带土壤中挥发性与半挥发性有机污染物的原位物理处理技术。其基本原理是通过外部施加负压（通常利用真空泵或鼓风机）在污染土体中建立压力梯度，迫使空气流经污染物富集的土壤孔隙，从而带动污染物从液相或固相转移至气相，并随气流一同迁移至地表抽提系统，通过后端净化单元（如活性炭吸附、热氧化或冷凝回收）实现污染物的收集与处理（图 5-1）。SVE 技术于 20 世纪 80 年代首先在欧美地区的土壤与地下水治理实践中取得应用，凭借其投资成本低、运行效率高、操作便捷、安全可靠、地层扰动小、设备通用性强等优势，成为治理以石油烃、卤代烃、多环芳烃及苯系物为代表的有机污染土壤的主流技术手段之一。

该技术的作用机制主要依赖于两个协同过程：其一是通过在土壤孔隙中输入干净空气，强化土壤气相扰动，促进有机污染物在土-气、水-气、非水相液体（NAPL）-气界面上的相变与解吸，实现污染物从土壤介质中有效释放；其二是通过抽提系统建立气压梯度，驱动污染物从气相迁移至地表，完成污染物的传输、富集与控制性去除。部分研究亦指出，在气相抽提过程中，增强型操作如温控加热、加压气体注入、联用气相化学剂等措施可进一步提升污染物脱附速率与抽提效率。考虑土壤气流分布的非均质性问题，工程实践中常配套布设空气注入井，用以提高系统气体交换效率与污染物提取覆盖率。

SVE 技术在工程实践中根据实施方式及土壤特性可分为原位与异位两类应用模式。原位 SVE 技术主要适用于地表以下 5～30m 深度、土壤渗透性较高、地下水未饱和的场地。该方式避免了大规模土壤扰动，特别适用于治理污染分布广泛但浓度较低的复合有机污染地块。原位 SVE 技术适用于亨利常数大于 0.01 或蒸气压高于 66.66Pa 的有机物，包

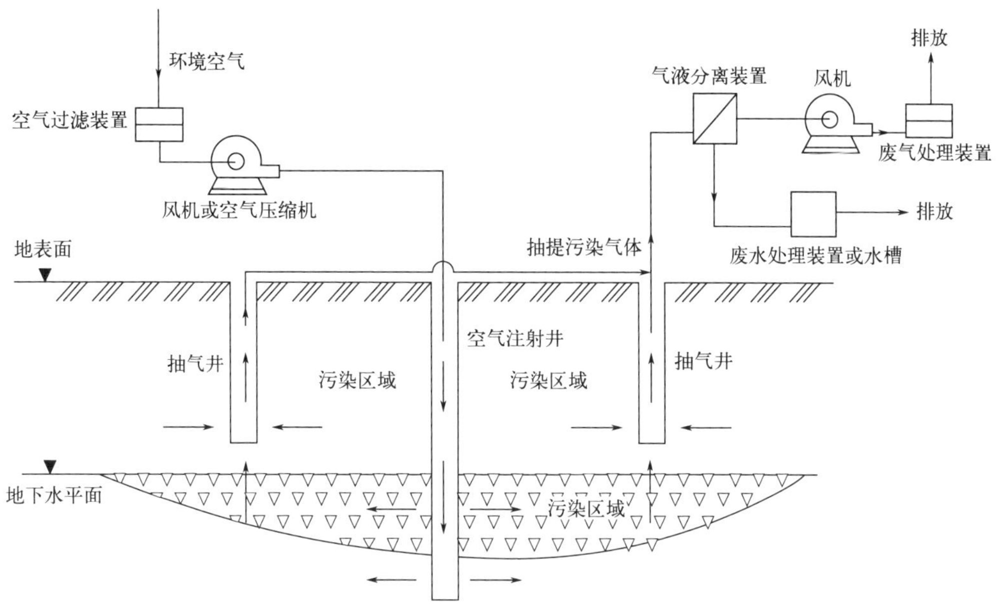

图 5-1　土壤气相抽提（SVE）技术工艺流程

括汽油、柴油、甲苯、苯、三氯乙烯、四氯化碳等常见 VOCs，常规运行周期一般为 6～12 个月，视污染物种类、土壤性质与系统参数而定。相较之下，异位 SVE 技术需将污染土壤开挖至地表或集中处理设施中进行处理，适用于亟须高效清除的污染热点区域，或含有难以迁移的半挥发性污染物（如 PAHs、PCBs 及含氯有机溶剂）的场地。其处理周期相对较短，通常为 4～6 个月，便于实现污染物的快速控制与处理。

SVE 技术的治理效果受多种因素影响，其中土壤渗透率和含水率为关键约束条件。高渗透性土壤（如砂质壤土）更有利于气流扩散与污染物解吸；而土壤湿度过高会显著抑制污染物从液相向气相的迁移（这是因为水分在孔隙中占据空间），从而降低系统的有效抽提效率。此外，土层结构的均质性、地下水位波动、蒸气压、气温变化等环境参数亦对 SVE 技术的修复效率产生显著影响。尤其在寒冷地区或土壤冻结条件下，需采取增温措施以维持气体流通性和污染物挥发性。

为提升修复效率，现代 SVE 系统常与其他修复技术形成组合工艺，例如与热解吸联合使用以提高低挥发性污染物的气化效率；或与生物通风（bioventing）系统联用，实现对残余污染物的生态降解处理。此外，在复合污染场地修复实践中，SVE 亦可作为污染物源区的控制手段，为后续化学氧化、生物修复等提供污染负荷较低的治理基础。

总之，土壤气相抽提技术凭借其高效性、环境友好性与广泛应用性，在土壤修复领域中占据重要地位。未来技术发展方向应聚焦于系统能耗优化、气体流场精细调控、污染物迁移建模及多技术融合机制研究，进一步拓展其在深层污染控制、低渗土壤治理及多相复合污染场地中的应用潜力与工程适用性。

5.2.1.3　热解吸

热解吸（thermal desorption，TD）技术是一种广泛应用于有机污染土壤和固体废物治理领域的热物理分离类修复技术，其核心原理是通过外部热能输入使污染基质中的吸附态污染物在达到一定温度条件下发生相变，从而实现污染物从固/液相向气相的转移。该过程通常在 150～540℃的活化能区间内进行，通过精准控制温度、停留时间和气氛环境，使污染物在不发生化学结构变化的前提下从土壤颗粒表面或孔隙中释放出来，并借助载气（如空气、惰性气体或燃气热风）输送至尾气净化系统进行进一步处理。热解吸技术因其“物理脱附＋热驱动”的机理特点，可有效避免因热裂解或氧化反应导致的二次污染物生成，与传统焚烧技术相比，在污染物完整性、处理温和性及环境风险控制方面具备显著优势，适用于修复多种具有中高挥发性或半挥发性特征的有机污染物。图 5-2 为土壤热解吸修复工艺流程示意图。

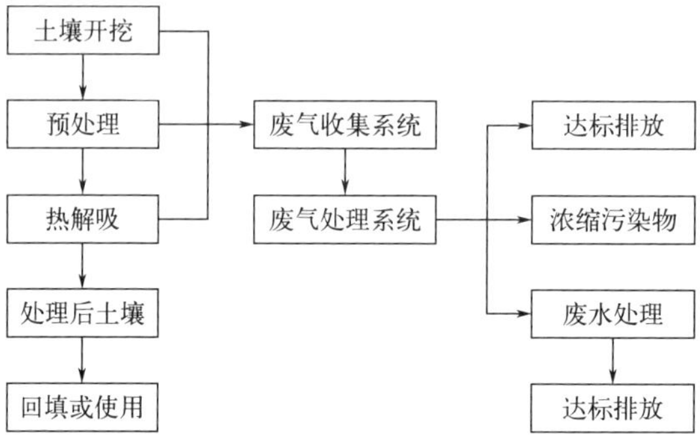

图 5-2 土壤热解吸修复工艺流程示意图

热解吸系统通常由加热单元、反应腔体、气体输送系统、尾气冷凝与净化装置等组成。在处理过程中，污染物在高温条件下由土壤或基质表面解吸，随气流进入尾气系统后经冷凝、吸附或氧化等工艺单元进行处理，以确保有机污染物无害化排放。整个修复工艺中，污染物的相变是主要物理过程，其分子结构未发生化学断裂或重构，故不会生成如二噁英、呋喃等高毒性产物，系统运行安全性高。工程中常以污染土壤在热解吸前后的有机物浓度变化作为评价指标，通过测定不同温区处理后残留物的污染物去除率，定量评估修复效率与系统稳定性。

根据热解吸操作温度的不同，可将该技术划分为低温热解吸（LTD）与高温热解吸（HTD）两种工艺类型。低温热解吸的工作温度一般设定在 150～315℃之间，适用于去除石油烃类（如柴油、汽油、润滑油）、苯系物（BTEX）等中等挥发性有机污染物。该类技术具有能耗较低、系统稳定性好、对土壤结构破坏小等优势，是目前应用最为广泛的热解吸工艺形式。相对而言，高温热解吸则于 315～540℃之间工作，主要面向多环芳烃（PAHs）、氯代有机物（如多氯联苯、氯代烃类）、农药残留及其他高沸点、低挥发性持久性污染物的治理。HTD 技术虽然具备更高的污染物迁移效率，但其能耗大、设备要求高、对土壤性质影响更显著，因此多用于污染程度重、污染物复杂的场地应急治理或精细修复项目中。

热解吸技术在全球范围内已形成较为成熟的技术体系，并广泛应用于受多种有机污染物影响的工业遗址、炼油厂周边、化工污染地块、农药储存区及事故泄漏场地等污染土壤修复场景。我国北京、江苏、山东、广东等地的多个土壤污染治理工程已成功采用热解吸修复手段，特别是在修复以石油烃为主的有机污染土壤方面表现出良好的工程效果。为提高系统能源利用效率，部分工程已引入热回收与热能再利用技术，构建闭环能源循环系统，从而降低整体运行成本，提升可持续性。

此外，热解吸技术亦可与其他修复技术联用形成复合工艺，例如“热解吸-气相抽提”“热解吸-催化氧化”“热解吸-生物滤池除臭”等多种集成化处理方案在实际工程中不断得到验证。该类联用技术不仅能提升修复效率，还能扩大适用污染物谱系，尤其在处理复合型污染场地（如油品与氯代烃共污染地块）时展现出更优异的适应性与处理深度。

尽管热解吸技术具备多种优势，但其工程推广仍受到投资成本高、设备技术门槛高、能耗较大及处理后土壤活性降低等因素制约。因此，未来发展方向应聚焦于低能耗加热系统的开发、热场控制智能化、土壤理化性质调控与生态功能恢复等关键技术瓶颈的突破。同时，在政策、监管与标准体系逐步完善的背景下，热解吸技术将继续在我国污染土壤修复领域扮演重要角色。

5.2.2　化学修复技术

土壤化学修复技术是一类以调控污染物在土壤介质中的化学形态与迁移行为为核心，通过引入外源化学因子实现污染控制与毒性削减的环境治理策略。其基本原理是向污染土壤中投加专门设计的修复剂（如氧化剂、还原剂、螯合剂、酸碱调节剂、吸附剂等），通过与污染物发生一系列化学反应或物理化学作用，改变其理化特性、生物可利用性及迁移性，促使污染物由高毒性、高活性状态转化为稳定、低毒或非活性状态，最终实现污染物的原位固定、分解或迁移。与传统的物理隔离类技术相比，化学修复技术反应速率快、处理效率高、适用范围广，特别适用于有机污染物与重金属复合污染场地的治理，是当前土壤污染场地原位和异位修复的重要手段之一。

该技术体系涵盖多种作用机制，其核心反应类型包括沉淀反应、配位吸附、氧化还原、催化氧化、质子转移、光化学降解、脱卤反应、水解与聚合反应等。通过控制这些过程可实现污染物浓度降低、毒性减小及迁移性减弱。例如，在治理重金属污染土壤时，常通过投加磷酸盐、碳酸盐或硅酸盐形成难溶沉淀，使重金属固定在土壤矿物结构中；在处理有机物污染方面，可利用氧化剂降解污染物分子骨架，或采用还原剂裂解卤代有机物的碳—卤键结构，从而实现分子水平的毒性根源清除。

在化学修复技术中，氧化还原技术具有广泛的适用性与深入的研究基础。其机理在于通过电子传递过程实现污染物价态或化学结构的转变，例如利用高锰酸钾（$KMnO_4$）、过硫酸盐（$Na_2S_2O_8$）等氧化剂，处理苯系物、多环芳烃、石油烃等持久性有机污染物，或使用纳米零价铁（nZVI）、硫化钠等还原剂还原六价铬［Cr(Ⅵ)］、砷（As^{5+}）等高毒金属为难溶或低毒态。同时，还原反应也可被用于脱氯过程，例如还原三氯乙烯（TCE）至乙烯，从而实现卤代有机物的去除。此外，氧化-还原联用体系，如过硫酸盐-铁活化体系或过氧化氢-Fe^{2+}（Fenton 反应）体系，在复杂污染场地修复中表现出良好的污染物降解能力。

在具体技术分类方面，土壤化学修复技术可进一步细化为以下几种类型。

（1）化学氧化技术

通过向污染土壤中投加强氧化剂如高锰酸盐、过硫酸盐、过氧化氢、臭氧等，破坏有机污染物分子结构，实现污染物的彻底降解。该技术常用于 BTEX、PAHs、TCE、PCBs 等污染物的治理，反应效率高、降解速率快，但对 pH、温度、土壤湿度等敏感，需配套活化剂提升反应活性。

（2）化学还原技术

主要依托如纳米零价铁、铁粉、亚铁盐、硫化物等还原剂与污染物发生电子转移反应，适用于还原氧化态重金属、破坏卤代烃等结构。典型应用包括将 Cr(Ⅵ) 还原为 Cr

(Ⅲ)，以及利用纳米零价铁修复 TCE、四氯乙烯（PCE）等地下水污染。

(3) 化学淋洗技术

通过添加淋洗液（如 EDTA、柠檬酸、草酸盐、表面活性剂等）与污染物形成可溶性配合物或微乳体系，并借助重力或泵送方式将污染物迁移出土壤，常用于处理可迁移态重金属污染或部分极性有机物污染。

(4) 溶剂浸提技术

采用有机或无机溶剂将土壤中污染物溶解提取后集中处理，适用于高浓度、难降解有机物污染的异位修复工程。该方法提取率高，但需关注溶剂残留及处理成本。

(5) 电动修复技术

借助直流电场在土壤中形成电渗、迁移、电泳等效应，促使带电污染物或化学修复剂定向迁移并发生反应，是一种适用于细粒土壤（如黏土）中污染物迁移与处理的先进技术，特别适用于铅、镉等重金属污染场地的原位修复。

总体而言，土壤化学修复技术以其反应快速、处理彻底、适配复杂污染场景的优势，在受污染土壤的原位与异位治理中发挥着重要作用。当前，化学修复已不仅限于单一反应过程的控制，更注重系统集成与多技术协同，例如"化学氧化＋生物修复""电动修复＋化学沉淀"等耦合体系被广泛研究与应用，极大拓宽了该技术体系的适用范围。未来，随着绿色化学材料的发展及土壤原位修复需求的提升，化学修复将在环境安全与土壤功能重建的双重目标下不断进化完善。

5.2.2.1 化学氧化技术

化学氧化技术是一种以破坏污染物分子结构为核心，通过向受污染土壤中投加高反应活性的氧化剂，在常温或适度加热条件下激发强氧化反应，促使土壤中有机污染物发生彻底降解或氧化转化的污染治理手段。其反应原理通常基于羟基自由基（$\cdot OH$）、硫酸根自由基（$\cdot SO_4^-$）、臭氧、过氧化物等强氧化物种与污染物之间的高效电子转移过程，可实现苯系物、石油烃、多环芳烃（PAHs）、氯代烃、农药等典型有机污染物的高效分解，最终转化为二氧化碳、水及无机盐等低毒或无毒产物，极大程度降低土壤污染风险与环境负荷。

从技术发展历程来看，化学氧化技术于 20 世纪 90 年代中期在欧美等发达国家率先进入工程化研究与实践阶段，主要应用于原位处理石油炼制场地、化工厂废弃地等受有机污染严重的工业遗址。典型技术包括芬顿试剂法（Fenton）、过硫酸盐氧化法、高锰酸盐氧化法及臭氧氧化法等。在不同土壤介质条件与污染物类型下，这些技术展现出各自的适用优势与反应路径。尤其是芬顿法作为最早应用的高级氧化技术之一，通过 Fe^{2+} 与 H_2O_2 的催化反应生成$\cdot OH$，具有启动温度低、反应迅速等特点，广泛应用于污染土壤与地下水的联动修复项目。

随着污染场地类型的多样化与污染物成分的复杂化，单一化学氧化手段逐渐暴露出反应选择性强、有副产物生成、反应条件苛刻等技术瓶颈。因此近年来，研究人员不断探索化学氧化技术与其他修复方式的复合应用模式，推动了氧化-生物协同修复、氧化-电动修复、氧化-淋洗组合等多元体系的集成化发展。尤其在氧化-生物协同路径中，先通过化学氧化实现污染物结构裂解与降解速率提升，随后引入微生物群体进行深度矿化与生态功能恢复，不仅提高了修复效率，也有效降低了修复成本与次生环境风险。

目前，化学氧化技术广泛应用于原位与异位修复场景中。在原位修复应用中具有不需要大规模开挖扰动、修复周期短、操作灵活的优势，适用于地下污染源控制与原位稳定治理；在异位修复应用中，可通过集中处理方式提升反应的可控性与安全性，适用于高浓度污染区。无论是原位修复还是异位修复应用，其关键技术参数包括氧化剂类型、氧化剂投加浓度、反应活化方式（如热活化、碱活化、金属离子催化等）、土壤理化性质（pH、温度、含水率等）与反应时间等，均需在前期通过实验设计与场地评估加以精准控制。

随着绿色化学理念的推广，环境友好型氧化剂逐渐成为研究热点。例如过硫酸盐因其在多种环境条件下具有良好稳定性与可控活性，正被广泛用于替代高腐蚀性、高毒性的氧化剂；而天然来源的催化剂（如铁矿石粉、赤铁矿、天然黏土）也成为低成本催化体系研究的新方向。同时，在污染物种类拓展方面，化学氧化技术正从传统的石油类污染物治理逐步延伸至新污染物治理，如全氟化合物（PFASs）、抗生素残留、持久性农药及微塑料等的治理。

总体而言，化学氧化技术已从早期的单一污染物治理向系统化、智能化、多元化方向演进，成为现代土壤污染场地治理中不可或缺的核心技术之一。在未来的发展中，其与信息化监测系统、生物修复与工程封存体系的深度融合，将进一步拓展其在复杂污染场地治理中的适用范围与应用深度。

5.2.2.2　化学还原技术

能够污染地下水的化学物质通常会在深层土壤及饱和带中形成大范围、低浓度但持续释放的污染羽流（contaminant plume），其迁移性强、监测难度大，常表现出斑块状分布特征。这类污染物在多孔介质中扩散并通过地下水流动形成羽状扩散路径，污染区空间异质性显著，且由于受土壤结构、地下水动力学、污染物理化学性质等多因素影响，传统修复手段（如开挖处理、泵吸处理系统）难以实现高效治理。一方面传统手段往往成本高、能耗大；另一方面在处理范围和深度上受限，难以对污染物实现完全控制或彻底清除。因此，开发适用于深层土壤及地下水中污染羽流控制的高效原位修复技术成为当前环境修复领域的关键研究方向。

针对上述难点问题，可渗透反应墙（permeable reactive barrier，PRB）技术作为一种创新型原位污染防控技术体系逐渐发展成熟。该技术通过在污染物迁移路径上设置具有化学反应活性的功能性材料层，形成连续、渗透性良好、具备拦截-转化功能的“地下化学反应墙”，在污染物随地下水穿越该屏障的过程中，实现污染物的稳定化处理、无害化转化或固定化控制，从而有效削减污染物浓度，阻止其进入更广阔的地下水流域或生态敏感区。其典型材料包括零价铁（ZVI）、硫酸亚铁、硫化物、有机质复合填料、天然矿物（如沸石、膨润土）等。PRB 系统可按结构方式分为连续壁式、漏斗-门式及可注入式等多种类型，具有绿色环保、维护成本低、可原位治理、施工期短等多重优势，广泛应用于重金属、有机卤代物及放射性核素等地下水污染修复工程中。

在技术机制上，反应屏障的核心作用机制为原位化学还原与还原脱氯（reductive dechlorination）过程。原位化学还原主要通过投加还原性材料（如 ZVI、$FeSO_4$、CaS 等），与污染物发生电子转移反应，将高毒态元素［如 Cr(Ⅵ)、U(Ⅵ)］还原为低毒、难溶的稳定形态［如 Cr(Ⅲ)、U(Ⅳ)］；而还原脱氯技术则专注于含氯有机物（如三氯乙烯、四氯化碳、氯苯、DDT 等）的去氯过程，借助活性还原剂断裂有机物分子中的 C—Cl 键，从而实现毒性削减与环境风险控制。该体系通过调控反应条件（pH、电位、电导率）及材料颗粒度、比表面积等参数，有效提升污染物在反应区中的接触反应效率。

近年来，可渗透反应墙技术逐渐向多功能复合方向演进，部分新型PRB系统集成了物理拦截、生物降解、吸附富集等功能，形成“物化生”三位一体的立体修复体系。例如：通过将ZVI与有机碳源（如乳酸钠、腐殖酸）复配，可在反应区诱导反硝化与铁还原共生过程，显著提升脱氯与重金属还原效率；此外，利用天然矿物和微生物菌剂共同构建复合反应区，也能增强反应的持久性与污染物处理的稳定性。未来该类技术有望在场地污染长期管理、污染水体控制以及地下水修复工程中获得更广泛的推广应用，尤其在多污染物共存场景下，具有显著的工程适配优势与应用前景。

5.2.3 生物修复技术

土壤污染的生物治理方法（广义层面）是一类以生物要素为核心，综合利用生态系统自我调节机制进行污染物削减、转化与固定的环境修复技术体系。该方法从生态安全、可持续发展和系统协同的角度出发，充分调动植物、微生物和土壤动物等多类生物介质的功能特性，实现对污染土壤中有害物质的有效控制与生态风险的长期削减。其基本作用机制可分为三个维度：①借助植物根系的吸收富集功能，促使部分重金属和有机污染物经植物体积累或形态转化后迁移至地上部或稳定于根际，从而降低其在土壤中的迁移性与生物可利用性；②依托土壤中原生或人工接入的功能性微生物群落，通过酶促催化、协同代谢、电子受体交换等途径，对石油类、多环芳烃、氯代烃、有机农药等复杂污染物进行分解或矿化反应，最终产出无害或低毒的代谢产物；③利用土壤动物（如蚯蚓、甲虫等）在土壤改性、通气、促根与有机质再分布中的生态作用，提升土壤理化结构和养分循环效率，协同推动植物-微生物-土壤动物复合系统的修复效能。

该技术体系按照修复介质和主导机制的差异，主要包括三类子技术路径：①利用植物富集、稳定或根际激活作用的绿色修复技术，即植物修复（phytoremediation）技术，包括植物提取（phytoextraction）、植物稳定化（phytostabilization）、植物降解（phytodegradation）和植物挥发（phytovolatilization）等多种子路径，广泛用于镉、铅、砷、铬等重金属及部分有机污染物污染场地的修复；②基于微生物代谢活性的原位修复技术，主要利用自养或异养菌种（如解烃菌、放线菌、还原菌、假单胞菌属等）对目标污染物开展降解代谢，包括自然降解、原位接种、生物刺激与生物强化等形式；③借助土壤动物的物理扰动与营养链转移功能的辅助修复技术，兼具土壤结构改良、微环境调节与污染物迁移控制等生态学价值，如蚯蚓可增强微生物活性与植物根系通透性，间接提高修复效率。这种多元互作的生态网络构建机制，不仅在功能上突破了传统物理、化学修复对特定污染物处理效率有限的技术瓶颈，也在理念上更贴合自然界环境过程的演替规律。

此外，生物修复技术的综合应用也逐步成为污染场地治理的主流方向。例如，在石油污染土壤治理中，常采用植物-微生物协同修复策略，通过根际分泌物激活微生物群落功能，实现复杂有机污染物的联合降解；在重金属污染场地，可结合植物稳定与动物扰动技术，优化污染物在土壤剖面中的空间分布，促进植被的定植与群落演替。未来，随着生态工程理论与修复材料技术的深度融合，生物修复技术将在污染土壤的“无扰动治理—原位安全利用—生态系统重建”全生命周期治理路径中发挥更加关键的作用。

5.2.3.1 植物修复技术

植物修复（phytoremediation）技术是指利用具有耐受性和超积累特性的植物及其共生系统，通过生物代谢活动实现环境污染治理的创新型技术。目前该技术已在重金属污染土壤治理领域形成成熟应用体系，因此狭义上特指通过植物吸收、转运、积累及固定等作用清除土壤重金属污染物的生物修复方法。随着技术进步与理论拓展，其应用范畴已延伸至有机污染物、放射性核素等多元污染类型的土壤修复实践，形成了广义的植物修复技术概念框架。从系统运行机制分析，植物修复体系可视为以光能为驱动力，兼具污染物迁移转化与生物降解功能的生态处理单元。植物通过根际分泌物活化污染物，经木质部向地上部分转运并完成生物富集，最终通过落叶分解或次生代谢实现污染物的无害化处理。这种基于自然生态过程的原位修复技术，不仅突破了传统物理化学修复的二次污染局限，更构建起可持续的土壤生态系统恢复范式，在污染场地生态修复领域展现出独特的应用价值与环境效益。

5.2.3.2 微生物修复技术

微生物修复（microbial remediation）技术是一类依赖微生物代谢过程，对土壤中有机污染物及部分无机有害物进行降解、转化、固定或钝化处理的绿色环保修复手段。该技术通过微生物个体或群落的生物化学反应，实现对污染物质的分子结构破坏和形态转变，从而达到降低毒性、削弱迁移性及恢复生态功能的目的。其作用机制主要包括三方面：一是微生物对有机污染物的酶促分解代谢作用，能够将复杂的芳香烃、卤代烃、多环芳烃（PAHs）等持久性污染物降解为小分子有机酸、水和二氧化碳；二是利用微生物表面的吸附能力，通过生物吸附固定部分重金属离子；三是借助特定菌株的氧化还原代谢活动，使得污染物的价态或结构发生转变，从而降低其生物毒性和环境风险。

实施微生物修复技术需满足两个核心前提条件：首先，污染土壤或地下水中应存在具有降解或转化能力的本地功能性微生物群落，或可通过外源接种引入具有靶向降解功能的工程菌株；其次，所针对的污染物必须具备一定的可生物降解性，即污染物本身的结构应允许在微生物的代谢活动下实现分子级的破坏与重构，从而转化为无毒或低毒的中间产物或终产物。若污染物结构稳定性过高（如部分多氯联苯、二噁英类）或存在共存抑制效应（如与重金属复合污染），则需配合生物强化、预处理等策略方可显著提升微生物修复效率。因此，污染物的理化性质与微生物系统的匹配性是微生物修复成功实施的基础。

在具体应用过程中，微生物修复可依据污染类型与土壤环境条件分为三种模式：①原位自然降解（natural attenuation），依赖土壤中自然存在的功能微生物群体在无须人工干预的前提下，自主完成污染物降解，适用于污染浓度较低、污染负荷可控的场地；②生物刺激（biostimulation），通过人为投加营养物质（如碳源、氮源、磷源等）、电子受体，或调节pH、湿度等环境因子，增强原有微生物群体的代谢活性和群落结构功能，从而加快修复进程；③生物强化（bioaugmentation），即通过接种高效降解污染物的特定菌株或复合菌剂，强化土壤中微生物多样性与功能性，适用于高浓度或难降解污染物场地。近年来，随着分子生物学、高通量测序及代谢组学的发展，微生物修复技术逐步向精准化、定量化、可控化方向演进，为复杂污染场地修复提供了理论与技术支持。

在生物修复的三类子技术中，微生物修复作为最早被开发并广泛应用的技术路径，在土壤污染治理实践中发挥着核心作用。微生物修复技术主要是依托具有特定代谢功能的微生物对污染物进行同化或异化代谢，通过自身生长繁殖将污染物分解、矿化为水、二氧化碳、甲烷或无毒盐类等终产物。此过程不仅能在较短时间内降低污染物浓度，同时还能保持土壤结构的完整性，维持其生态服务功能。随着分子生物学、合成生物学和基因工程技术的快速发展，微生物修复从原始的自然菌群调控逐渐发展为精准化的菌种筛选、功能基因转导及智能接种等高度工程化操作，使其适用范围不断扩大，修复效率显著提升。与此同时，微生物修复作为狭义上的生物修复技术，其在现场工程中已形成完善的操作规程和评估体系，是推进土壤污染风险控制与安全利用的关键支撑手段。

此外，微生物修复还可与其他修复手段（如植物修复、化学氧化、电动修复等）协同使用，形成多技术集成系统，提升整体修复效能。例如，植物-微生物联合修复系统可通过植物根系分泌物增强微生物群落活性，形成“根际生态圈”；而微生物-电化学耦合系统则可在外加电场下提升微生物对污染物的电子传递效率，拓展其修复潜力。随着对微生物生态机制和修复过程调控手段研究的不断深入，微生物修复技术作为一种环境友好型、可持续的土壤污染治理方式，已广泛应用于石油污染、氯代烃污染、有机农药残留等典型场景中，在我国“无废城市”建设与污染场地风险管控中发挥着日益重要的作用。未来，通过功能菌群定向驯化、基因工程微生物开发及人工微生物共生系统构建，有望进一步拓展微生物修复技术的适用范围与工程实施能力。

5.2.3.3 动物修复技术

动物修复技术是一种新兴且具有生态友好性的污染土壤修复途径，主要依赖土壤动物在生态系统中的天然行为和生理代谢过程，对土壤中有毒有害污染物进行转化、迁移、富集或钝化，从而实现污染物浓度的降低和环境风险的降低。该技术因其自然过程驱动、能耗低、对土壤扰动小等优势，在土壤污染绿色治理体系中日益受到重视。动物修复广义上包括利用陆生和水生动物对污染物的直接作用与间接调节，主要适用于轻度至中度污染土壤的修复，也可作为微生物修复、植物修复等手段的补充。其技术体系主要依托以下 5 种核心作用机制。

（1）生物扰动作用

土壤动物在生存活动中对土壤结构进行持续性扰动，如蚯蚓、白蚁、甲虫幼虫等通过打洞、移动、取食等行为可显著改善土壤的通气性、透水性和孔隙结构，进而促进污染物在土壤中的扩散、稀释与转化。以蚯蚓为例，其在觅食过程中吞食土壤颗粒并将其重新排出，形成蚓粪团结构，增强了土壤颗粒的团聚性及保水性，同时形成富含营养与微生物的“生物热点”，极大提升了污染物的生物降解速率。生物扰动还可增加污染物暴露于微生物作用区域的表面积，提高微生物的修复效率。

（2）直接摄取与代谢转化作用

部分土壤动物具有直接摄食有机污染物和重金属的能力，可在体内通过酶系代谢将复杂有机物降解为小分子低毒产物。例如，蚯蚓可通过其肠道中丰富的羧酸酯酶、过氧化物酶等降解多环芳烃（PAHs）、多氯联苯（PCBs）等持久性有机污染物。线虫、螨类等也显示出对重金属如镉、铅、锌的吸收能力，部分种类还能通过排泄行为使重金属进入不可溶或有机包裹的形态，从而降低其生态毒性。此外，某些昆虫的幼虫具有分解有机磷农药的酶系统，可参与农业面源污染治理。

（3）富集与吸附作用

部分动物组织可特异性富集污染物，尤其是重金属，如铅、镉、砷等在软体动物（如蜗牛）、甲壳类及一些节肢动物体内可显著积累，从而在一定程度上降低环境中污染物的有效浓度。这些动物不仅具备生物修复潜力，也可作为生物指示物用于环境污染监测评估。在特定生态系统中，如水陆交界带或湿地系统，可通过放养滤食性水生动物（如水蚤、桡足类）在水体与底泥交互区域削减污染物输入负荷，实现水-土界面污染协同治理。

（4）促进微生物协同作用

土壤动物的行为不仅直接影响污染物的行为，同时也间接调控土壤微生物群落的结构和功能。动物如蚯蚓、跳虫在活动中将污染物与有机质混合并通过排泄增加微生物可利用碳源，其蚓粪富含酶类和有益菌群，显著提升微生物代谢水平，进而加快污染物的生物转化速率。研究表明，在蚯蚓-微生物联合作用下，柴油、农药等污染物的降解效率可提升30%以上，显示出良好的生态协同效应。

（5）食物链传递与调控机制

污染物可通过动物在食物链中的迁移传递逐步从底层消费者向高营养级扩散，但通过合理设计生态链结构和控制链条环节可将污染物“导流”至可控区域进行收集或处理。例如，在某些矿区退化草地恢复工程中，利用昆虫摄取重金属污染植物组织，再通过捕食性鸟类或两栖类转移污染，结合人工捕捉实现污染物移除；此外，在农药污染地区引入捕食性天敌昆虫可减少农药投入，间接减少土壤有机污染输入，提升土壤生态系统的稳态水平。

动物修复技术目前正处于从实验室探索走向规模化工程应用的转型阶段，其发展受到动物种类、栖息环境、污染物类型及修复目标等多重因素的影响。为进一步拓展其应用领域，可结合生态工程措施（如人工繁育、控温控湿等）进行动物种群调控，并与植物、微生物修复技术集成，构建“动物-植物-微生物”三维生物修复系统，提升污染土壤生态修复的综合效能。此外，利用高通量测序技术研究动物肠道菌群与污染物代谢通路之间的关系，有望发掘更高效的修复机制与功能性物种，推动动物修复在环境治理领域实现更广泛的工程应用。

5.3 污染土壤修复技术选择的原则

污染土壤修复技术在实际应用过程中，需综合考虑污染场地的水文地质背景、污染物的类型与赋存形态、土壤理化特性、修复周期限制、资金投入规模及未来土地用途规划等多重因素，以科学合理地选择适宜的单项修复技术或协同（联合）修复技术路径。针对不同类型污染土壤，传统的“单一技术治理”往往在修复效率、经济性或生态功能恢复等方面存在一定局限，特别是在面对多种复合污染或地质条件复杂的场地时，亟须整合多种修复机制，形成技术协同的综合修复体系。近年来，随着我国土壤环境管理制度不断完善与科技研发的持续投入，污染土壤修复技术体系不断丰富和优化，在工程实践中逐步形成了以下 3 种主流应用新模式，标志着我国污染场地修复工作迈入系统集成与差异化治理的新阶段。

第一，基于“风险管控＋功能导向”的差异化修复模式。该模式强调污染治理不仅应满足土壤环境质量标准的限值要求，更应兼顾修复后土地的具体用途与生态服务功能。根据污染物风险等级与土地规划用途制定修复目标，在低风险区优先采用原位稳定化、生物修复等生态友好型手段，在高风险区则引入化学淋洗、热解吸等深度修复技术。此类模式在工业用地更新、城市扩展边缘带复垦、矿山污染地块功能重构等场景中得到广泛应用。以天津某重金属污染棕地为例，项目采用“分区治理＋功能分级”的修复策略，高浓度污染区采用异位固化-稳定化处理，周边区域则选用植物修复与土壤改良措施，实现生态效能与土地资源价值的双重提升。

第二，基于“多源协同＋原位优先”的集成化修复模式。该模式以资源最小化扰动为原则，强调在污染场地原位条件下完成修复过程，通过集成物理、化学、生物等多类技术手段，实现对污染物的协同去除与系统稳定。典型做法包括原位气相抽提联合原位化学氧化、微生物修复联合土壤改良剂施用、植物修复辅助微生态构建等。例如，在某石化企业泄漏场地修复工程中，原位气提技术与过硫酸盐活化化学氧化联合使用，前者用于快速挥发性有机物脱附，后者用于降解残留高浓度污染物，显著提升了修复效率并缩短了工期。该模式因具备施工简便、运行可控、成本较低等优点，逐渐成为我国工业污染场地修复的主流路径。

第三，基于“绿色低碳＋资源化利用”的循环型修复模式。该模式聚焦污染土壤修复过程中的碳排放控制与资源闭环管理，主张修复技术选择与土壤资源利用协同设计，通过固废协同处置、修复土壤再生利用、生物质资源开发等手段构建低碳化、资源化、生态化的污染治理路径。该模式在农田重金属污染治理、矸石山生态修复、尾矿库废弃地改造等项目中具有广泛的适用性。例如，江西某铅锌矿区修复工程中，采用改良型膨润土及水洗尾矿制成生态土壤基质，配套种植超富集植物，并通过植物残体回收制备有机肥，实现污染土壤修复与农业循环资源再生的融合发展。

总体来看，我国污染土壤修复技术体系正逐步由“单点技术”向“系统集成”、由“末端治理”向“全过程管理”、由“工程导向”向“生态功能导向”演进。随着土壤污染防治法治体系的完善、污染识别与风险评估能力的提升以及新材料、新技术的不断涌现，未来污染土壤修复工程将在技术层面更加精细化、多元化，在应用层面更加贴近区域发展需求和可持续发展目标。上述三类修复模式的形成和应用，既体现了我国土壤修复理论与技术的自主创新能力，也为世界土壤环境治理提供了具有中国特色的经验借鉴。

5.3.1 行业典型场地修复与再利用

行业典型场地修复与再利用模式主要聚焦于污染土壤的系统治理与土地功能重构，依托不同行业在污染物类型、污染机理、污染特征与土地利用现状等方面的差异，逐步形成了具有行业适应性的技术体系与再开发路径。该模式强调“行业归类—污染识别—技术耦合—用途定向”的全链条思维，旨在通过典型行业场地的试点修复与再利用工程，构建可复制、可推广的技术模式与管理机制。目前，石油及其炼化、有机化工、煤化工、机械加工、金属加工等工业领域的污染场地是污染土壤修复的重点对象，其污染物谱系以挥发性有机物和半挥发性有机物（VOCs/SVOCs）、多环芳烃（PAHs）、石油烃类、多氯联苯（PCBs）、苯系物、有机氯农药，以及重金属类（铅、镉、铬、汞等）为主，污染源多具有历史性遗留、分布不均匀、土壤-地下水复合污染的显著特征。

在石油及其炼化行业中，由于生产过程中存在原油泄漏、管线渗漏及废弃储罐处置不当等问题，污染土壤中常检出石油烃、苯并芘等难降解污染物，表现为点源性与渗透性复合污染的特征。针对该类场地，修复模式通常采用原位土壤气相抽提（SVE）联合生物修复技术，辅以地面封闭系统，控制污染物垂向迁移，并通过构建地表防渗结构和雨污分流体系实现后期场地安全再利用。如广东某炼油厂土壤修复工程中，通过热解吸技术去除90％以上的石油烃类，后期建设为危险品物流中心，实现土地资源的再开发利用。

在有机化工和煤化工行业，场地污染类型复杂、污染组分多样，污染物常以苯、甲苯、二甲苯、氯代烃、有机磷等有机物为主，并伴随一定的重金属污染，修复难度大。对于此类场地，主流修复模式为异位热解吸结合原位化学氧化处理，通过“深挖清污＋分区治理”的策略开展分级处置。同时考虑土壤的生态功能重建，后期场地多用于建设化工仓储物流园区或城市公共绿地，实现修复与发展目标的有效衔接。例如江苏某染料化工厂退役场地，通过应用高温热解吸及土壤洗脱技术，成功实现土地环境质量达标，重建后作为化工生态产业示范园。

对于机械加工与金属制造行业，污染土壤中多检出重金属元素，如铬、镍、锌、铜及其氧化态离子，污染形态以结合态和交换态为主，易发生迁移和富集，对地下水和生态系统存在长期威胁。典型修复模式为化学稳定化固化技术与植物修复联合使用，通过添加钙基材料、膨润土、改性生物炭等改良剂抑制重金属活性，同时种植超富集植物如狼尾草、荞麦、苋属植物等提升地表生态恢复能力。山东某金属电镀企业退役场地的修复实践表明，该技术可有效将土壤中 Cr、Ni 等重金属浸出浓度控制在安全阈值内，修复后场地被开发为职业技能培训基地。

行业典型场地修复与再利用模式的构建不仅是污染土壤治理的核心突破口，也是在工业转型、城市更新与生态修复背景下推进绿色发展的重要手段。未来应进一步完善基于行业分类的污染识别数据库与修复案例库，推动形成污染识别—技术筛选—修复实施—用途导向—绩效评估的闭环式治理体系。同时，加强对修复全过程的环境风险控制、碳排放评价与生命周期成本核算，为构建“安全可控-绿色低碳-功能再生”的污染场地再开发路径提供理论基础与技术支撑。

5.3.2　强化修复与风险管控相结合

强化修复与风险管控相结合模式是一种以农田土壤污染防控与可持续利用为核心目标，综合考虑生态安全、农产品品质、经济收益等多维需求的综合治理路径。该模式在实践中主要应用于中轻度污染的耕地修复与风险管理场景，尤其适用于以重金属为主的无机污染土壤。其基本技术路径是在强化修复手段（如原位稳定化/固化处理）的基础上，结合农艺调控、作物筛选、轮作优化等农业措施，通过对土壤中污染物生物有效性和迁移性的定向调控，实现污染风险可控前提下的农业生产持续推进。该模式强调“土壤-作物-管理”三维联动机制，通过污染阻控、质量提升和功能恢复的协同作用，形成一套“以产促治、以治保产”的复合修复与管理体系。

首先，在污染物稳定化层面，该模式常采用石灰石粉、磷酸盐类材料、腐殖酸、生物炭等稳定化改良剂，通过改变污染元素的化学形态、减少其水溶态或交换态含量，从而降低其在作物体内的富集风险。例如，针对镉污染农田，添加生物炭可显著提高土壤 pH 值并增加阳离子交换量（CEC），增强 Cd^{2+} 在土壤胶体上的吸附固定能力，进而降低其迁移性和植物可利用性。其次，在农产品安全控制方面，通过选育重金属低积累型农作物品种（如低镉水稻、低铅玉米等），在保障粮食产出的同时，最大程度降低污染物在食物链中的转移。此外，还可通过施肥方式调整、灌溉制度优化、栽培密度控制等农艺措施协同降低污染物的生物可利用性，从源头上阻断“土壤—作物—人体”风险通道。

在管理实践中，该模式强调基于污染等级和土地用途的差异化策略，构建以“分区施策、分类管理”为导向的污染耕地动态管控体系。对于污染水平处于风险阈值附近的农田，通过开展定期监测、设置农业用途限制、实施轮作与休耕制度等手段，保持污染控制效果并预防二次风险的累积。同时，结合经济作物种植与生态作物隔离带建设，提高土地复合利用效率，实现生态修复与经济发展相统一。例如，某重金属污染稻田在实施稳定化处理后，通过引入低镉水稻品种和生态缓冲带系统，成功将农田产出的稻谷中镉含量控制在国家食品安全标准限值以下，且耕地产值较治理前提高15%以上。

随着修复工程逐步走向精细化与多目标化，强化修复与风险管控相结合模式已成为中轻度污染农田修复领域的重要发展方向。其优势不仅在于修复过程对土壤结构和功能的扰动小，更在于可在不完全去除污染物的前提下实现土壤生产功能的阶段性恢复，降低修复成本，提高土地资源的持续利用能力。未来应在该模式基础上，进一步融合智能监测、大数据分析与地理信息系统（GIS）等数字化工具，推进土壤污染治理从“污染控制”向“污染管控＋资源优化利用”的综合治理体系升级。

5.3.3　区域多介质环境协同修复

在以环境安全为核心导向的新时代背景下，环境修复技术体系呈现出多介质、系统性与集成化协同推进的新发展趋势，尤其在土壤污染防控、地下水修复及流域生态治理等方面构建了更为系统的协同治理框架。随着生态文明建设的深入推进与“双碳”目标的加快落实，传统以单一介质、局部治理为主的修复模式已难以满足现代环境风险防控与资源可持续利用的综合需求。基于此，一种以“地-水-生态”系统联动修复为特征的多介质协同修复新模式应运而生，典型应用场景包括矿山区域地质破坏区、工业园区复合污染地块、长江经济带和黄河流域等重点区域综合治理工程。此类模式强调污染物在多介质环境中的迁移转化规律，通过统筹耕地土壤修复、地下水污染治理与地表水体生态恢复等子系统治理措施，实现区域尺度上的污染协同控制与生态功能一体化重建。

在具体技术路径方面，污染土壤修复技术体系经历了由实验室阶段向工程化应用转变的快速迭代，目前已形成多种单项修复技术与复合技术协同集成的综合修复格局。常规单项修复技术包括：①物理类修复手段，如土壤气相抽提（SVE）、热解吸（TD）、土壤翻耕与异位曝气、物理分离等，适用于挥发性和半挥发性有机污染物或粒径特征明显的污染物种类；②化学修复类技术，如固化/稳定化、化学淋洗、化学氧化还原、电动修复等，适用于重金属与高毒性有机污染物的去除与固定；③生物修复类方法，包括微生物修复、植物修复与联合生物技术等，侧重于环境友好型、低成本、低扰动的生态治理路径。随着修复工程复杂程度不断提高，越来越多工程实践采用“物化-生物”复合修复技术，以充分利用不同机制之间的协同效应，突破单一技术的适用性局限。

典型复合技术组合模式包括但不限于以下几种：

① 化学氧化-生物联合修复：先通过高级氧化技术快速降低污染物浓度与毒性，再引入功能微生物群落进行深度生物降解，以实现污染物的完全矿化转化，常用于修复多环芳烃（PAHs）、石油烃、氯代有机物等难降解有机污染土壤。

② 物理分离-化学淋洗联合修复：前期通过筛分、离心、重选等方式预富集高污染颗粒，再辅以淋洗液去除污染物，实现污染土壤体积减容化、高效化处理。

③ 电动-微生物耦合修复技术：通过电场提升污染物在土壤中的迁移效率，同时增强微生物对污染物的降解速率，适用于低渗透性土壤及重金属-有机物复合污染场地的原位修复工程。

此外，热解吸-微生物修复、气相抽提-化学还原等组合也在特定污染场景中展现出较好的应用前景。

为系统归纳各类修复技术的适用条件、优缺点及工程参数，表 5-1 总结了当前主流污染土壤修复技术的关键特征与典型应用场景。该技术对比体系不仅为工程设计提供了理论依据，也为决策者在不同地块特征与修复目标下的技术选型与组合优化提供了参考。

表 5-1　主流污染土壤修复技术对比

技术	环境保护	有效性	可实施性	潜在限制	适用污染物	花费/(美元/t)
固化/稳定化	最终产物需要进行现场或异地处置	有效控制风险	一般可行	稳定土壤，污染物仍在其中	对有机污染物和重金属有效	80～330
气相抽提	污染物以气态的形式抽出	对 NAPL 无效	总体可行	需要气体处理装置	对 VOCs 有效	20～100
化学淋洗	污染物以溶解态析出并处理	复杂污染物需复合溶剂	总体可行	对低渗透黏土层不适用	对 VOCs 有效	25～250
微生物修复	污染物被微生物降解	灵活、环境适应性强	一般可行	该技术需要进一步研究	对高浓度污染物可能无效	30～160
植物修复	污染物被植物转化吸收或利用	长周期下稳定有效	适用于大面积场地	周期长，需对植物进一步处理	对重金属、有机物有效	20～50
无行动	无额外保护进入受到控制	限制直接接触	无额外的实施措施	周围的场地利用将受到限制		0（必要的监测费用）

综上所述，未来污染土壤修复工作的重点将从“单一介质治理”向“多介质统筹、技术协同融合”方向发展。通过多学科交叉与工艺集成，建立“风险评估—精准诊断—多维修复—生态重建”的全链条修复体系，实现污染控制与资源利用效益的同步提升，将是推动我国污染场地治理技术高质量发展的关键所在。

参考文献

[1] 张宁．补植绿化技术 [M]. 北京：冶金工业出版社，2019.
[2] 王文．环保工程项目管理 [M]. 北京：高等教育出版社，2013.
[3] 李岩．土壤化学稳定剂 [M]. 北京：化学工业出版社，2016.
[4] 周锋．水环境污染与修复 [M]. 北京：中国环境出版社，2012.
[5] 何丹．渗滤液治理 [M]. 北京：地质出版社，2020.
[6] 马洪刚．危险废物场地修复 [M]. 北京：科学出版社，2018.
[7] 王翠．PCB 污染治理技术 [M]. 北京：化学工业出版社，2014.
[8] 陈涛．土壤生态系统修复 [M]. 北京：高等教育出版社，2019.
[9] 冯海英．土壤-植物相互作用 [M]. 北京：科学出版社，2015.
[10] 徐红．环境生态伦理 [M]. 北京：中国环境出版社，2018.
[11] 周伟．环境遥感与污染监测 [M]. 北京：地质出版社，2021.
[12] 林涛．生物修复材料 [M]. 北京：化学工业出版社，2020.
[13] 张冬．环境设备工程 [M]. 北京：高等教育出版社，2012.
[14] 王勇．生态恢复评价 [M]. 北京：科学出版社，2018.
[15] 陈娜．土壤稳定化材料 [M]. 北京：化学工业出版社，2021.
[16] 刘涛．污染地块再开发 [M]. 北京：中国环境出版社，2022.
[17] 李华．综合风险治理 [M]. 北京：高等教育出版社，2023.
[18] 黄晓霞．土壤与地下水污染治理技术 [M]. 北京：化学工业出版社，2016.

[19] 韩文．城市典型污染场地修复技术与案例 [M]. 北京：中国环境出版社，2019.

[20] 潘毅．土地整治工程原理与技术 [M]. 北京：中国农业出版社，2017.

[21] 彭建兵．土壤环境修复技术导论 [M]. 北京：高等教育出版社，2021.

[22] 王一平．环境生态工程与土壤修复 [M]. 北京：科学出版社，2015.

[23] 许雪峰．工业污染场地生态修复与再利用 [M]. 北京：化学工业出版社，2020.

[24] Li X W, Chen L B, Mei Q Q, et al. Microplastics in sewage sludge from the wastewater treatment plants in China [J]. Water Research, 2018, 142: 75-85.

[25] Wang J, Lv S, Zhang M, et al. Effects of plastic mulch film residues on wheat growth and soil properties in Northwestern China [J]. Environmental Pollution, 2020, 260: 114087.

[26] Mohan D, Pittman C U Jr, Steele P H. Pyrolysis of wood/biomass for bio-oil: A critical review [J]. Energy & Fuels, 2006, 20 (3): 848-889.

[27] Vithanage M, Herath I, Joseph S, et al. Interaction of arsenic with biochar in soil and water: A critical review [J]. Carbon, 2017, 113: 219-230.

[28] Novak J M, Busscher W J, Laird D L, et al. Impact of biochar amendment on fertility of a southeastern coastal plain soil [J]. Soil Science, 2009, 174 (2): 105-112.

[29] Zhuang P, McBride M B, Xia H P, et al. Health risk from heavy metals via consumption of food crops in the vicinity of Dabaoshan mine, South China [J]. Science of The Total Environment, 2009, 407 (5): 1551-1561.

[30] Wan Y, Wu D, Zhang D, et al. Soil heavy metal pollution from lead-zinc smelting in China: A review [J]. Environmental Pollution, 2016, 214: 283-294.

[31] Yang X, Feng Y, He Z, et al. Influence of organic matter on cadmium adsorption and desorption in soils [J]. Journal of Environmental Quality, 2005, 34 (3): 1062-1070.

[32] Zhou C, Wang Y, Zhai W, et al. Phytoremediation of contaminated soils using ornamental plants: Current status and future perspectives [J]. Environmental Reviews, 2020, 28 (4): 483-496.

[33] Tian H, Liu S, Zhou J, et al. Review of biochar as a soil amendment in the remediation of heavy metal contaminated soils [J]. Journal of Soils and Sediments, 2019, 19 (5): 2113-2123.

[34] Zhang L, Ding X, Chen Y, et al. Microbial immobilization of heavy metals: Principles and applications [J]. Journal of Hazardous Materials, 2022, 423: 127096.

[35] He L Z, Zhong H, Liu G X, et al. Remediation of heavy metal contaminated soils by biochar: Mechanisms, potential risks and applications in China [J]. Environmental Pollution, 2019, 252 (Pt A): 846-855.

[36] Qin Y, Zhang H, Wang J, et al. Remediation of heavy metal-contaminated soil using biochar and compost: Influence on microbial activity and plant growth [J]. Journal of Soils and Sediments, 2018, 18 (5): 1614-1624.

[37] Guo M, Song W, Buhain J. Biochar for electrochemical applications: Recent advances and future perspectives [J]. Journal of Materials Chemistry A, 2017, 5 (27): 13971-13997.

[38] Ren X, Yang J, Yang Z, et al. Immobilization of cadmium in contaminated soils by hydroxyapatite and low molecular weight organic acids [J]. Environmental Science and Pollution Research, 2015, 22 (7): 5165-5174.

第 6 章 土壤生态恢复工程

6.1 土壤的形成

6.1.1 土壤的形成因素

土壤的形成因素又称成土因素，是影响土壤形成和发育的基本因素，指能够对土壤形成产生影响（或已经产生影响）的物质、力、条件、关系或它们的组合。

土壤发生学说（soil genesis theory）认为，土壤是在各种自然和人为因素的影响下，由岩石风化形成母质，再由母质进一步演化而成的。19 世纪末，俄国土壤学家道库恰耶夫（Dokuchaev，1846—1903）通过对俄罗斯大草原土壤的调查，提出土壤的五大成土因素，即气候、母质、生物、地形和时间。

6.1.1.1 母质在土壤形成中的作用

首先，母质直接影响着成土过程的速度、性质和方向。其次，母质对土壤理化性质有很大的影响。一般来说，成土过程进行得愈久，母质与土壤的性质差别就愈大。但母质的某些性质仍会顽强地保留在土壤中。

6.1.1.2 气候与土壤发生的关系

（1）湿度因子对土壤形成的影响

① 影响土壤中物质的迁移：根据土壤中水分收支情况对物质运移的影响，可分为淋溶型水分状况、非淋溶型水分状况、上升型水分状况、停滞型水分状况 4 种土壤水分类型。其中，上升型水分状况的特点是蒸发、蒸腾总量大大超过降水量，其差额由地下水补充，如果地下水矿化度高，则会导致盐渍化；如果地下水达不到地表，而只能达到剖面中部，则称为“半上升型”水分状况。停滞型水分状况的特点是地表经常积水，沼泽化土壤即属此类型。

② 影响土壤中物质的分解、合成和转化：表土有机质含量常随空气湿度的增加而增加。湿润地区的土壤风化程度较高，而在干旱地区则较低。随着湿度增加，土壤颜色也由红转黄。

（2）温度对土壤形成的影响

一般来说，每增加 10℃，反应速率可成倍增加。

花岗岩风化壳在广东可厚达 30～40m，在浙江一般为 5～6m，而在青海高原常不足 1m。德国土壤学家 Ramann 提出了“风化因子”的概念：风化因子＝风化时间（d）×水解离度。

（3）气候变化与土壤形成

由于气候带、植被和土壤之间存在明显的关系，许多土壤学家非常重视气候在土壤形成中的作用，并提出了土壤地带性的概念。

在中国温带，自西向东大气湿度递增，依次出现棕漠土、灰棕漠土、灰漠土、棕钙土（灰钙土）、栗钙土、黑钙土和黑土。

在中国温带东部湿润区，由北而南热量递增，土壤分布依次为暗棕壤、棕壤（褐土）、黄棕壤、黄壤、红壤和砖红壤。

6.1.1.3 生物因素在土壤发生中的作用

土壤形成的生物因素包括植物、土壤动物和土壤微生物。

（1）植物在成土过程中的作用

据科夫达估计，在陆地上植物每年形成的生物量约为 3.5×10^{10}t，相当于 2.13×10^{17}kcal（1kcal=4.1868kJ）的能量。

（2）动物在成土过程中的作用

非洲科特迪瓦共和国的白蚁可筑起直径15m、高2～6m的坚固竖立土墩。肥沃土壤中蚯蚓的粪便可达 $30t/hm^2$。

（3）微生物在成土过程中的作用

微生物作为地球上最古老的生物体，已存在数十亿年，它们是重要的造土者。微生物对土壤形成的作用可概括为：

① 分解有机质，释放各种养分供植物吸收利用；

② 参与合成土壤腐殖质，提升土壤胶体性能；

③ 固定大气中的氮素，增加土壤含氮量；

④ 促进土壤中物质的溶解和迁移，增加矿质养分的有效性（如铁细菌能促进土壤中铁的溶解和迁移）。

6.1.1.4 成土时间对土壤发育的影响

（1）土壤年龄

土壤年龄是指土壤发生发育时间的长短，通常把土壤年龄分为绝对年龄和相对年龄。

绝对年龄是指该土壤在当地新鲜风化层或新母质上开始发育时算起迄今所经历的时间，通常用年表示。

相对年龄则是指土壤的发育阶段或土壤的发育程度。

（2）土壤形成的阶段性

Mohr 和 van Baren 曾把热带地区的土壤形成分为5个阶段：

① 初期：未风化的母质。

② 青少年期：风化已经开始，但许多母质物质仍保留在土壤中。

③ 壮年期：易风化的矿物大部分已分解，黏粒明显增加。

④ 老年期：矿物分解已处于最后阶段，只有少数强抗风化的原生矿物被保存。

⑤ 最后阶段：土壤发育已完成，原生矿物基本上已彻底风化。

6.1.1.5 人类活动对土壤发生演化的影响

① 人类活动对土壤的影响是有意识、有目的且定向的。在农业生产实践中，人们在逐渐认识土壤发生发展客观规律的基础上，通过利用、改造和培肥土壤，可使这种影响较快显现。

② 人类活动是社会性的，受社会制度和社会生产力的影响，在不同的社会制度和不同的生产力水平下，人类活动对土壤的影响及其效果有很大的差别。

③ 人类活动的影响可通过改变各自然因素而起作用，并可分为有利和有害两个方面。

④ 人类对土壤的影响具有两重性：利用合理，有助于土壤肥力的提高；利用不当会破坏土壤结构。如我国不同地区的土壤退化主要是由人类不合理地利用土壤引起的。

6.1.2　土壤形成过程

6.1.2.1　土壤形成过程中的大循环和小循环

地质大循环是指地面岩石的风化、风化产物的淋溶与搬运、堆积，进而产生成岩作用。

生物小循环是植物营养元素在生物体与土壤之间的循环：植物从土壤中吸收养分，形成植物体，后者供动物生长，而动植物残体回到土壤中，在微生物的作用下转化为植物需要的养分，促进土壤肥力的形成和发展。

二者关系：地质大循环和生物小循环的共同作用是土壤形成的基础。无地质大循环，生物小循环就不能进行；无生物小循环，仅有地质大循环，土壤难以形成。在土壤形成过程中，两种循环过程相互渗透、不可分割地同时进行着。它们通过土壤相互联结。

6.1.2.2　主要的成土过程

（1）物理过程

1）黏粒淋溶淀积过程

黏粒从土壤上部迁移至下部。该过程既有黏粒的机械淋移，也有凝胶和溶胶的形态转化。在土壤中往往形成黏粒淀积层。

2）盐化-脱盐化过程

易溶性盐在土壤表层存在淋洗迁出与聚集两种相反的过程。土壤盐分向上运动，在土壤表层聚集的过程为盐化过程；土壤盐分向下迁移，移出土体的过程为脱盐过程。

3）物理风化

大块岩石及粗大风化物经机械崩解变为细小颗粒的过程。

（2）生物过程

生物过程包括氮的固定、有机质转化、腐殖化（水、热适宜）等过程。

（3）化学过程

该过程有两个特征：一是土壤形成过程中某些元素的化合价发生变化；二是有新的化学组分形成。化学过程具体包括：

1）化学风化

化学风化是指土壤矿物的性质发生改变的分解过程。

脱硅富铝化：原生矿物分解，合成高岭石及 Fe_2O_3、Al_2O_3 等次生物质。

黏化：部分原生矿物分解，形成不同的黏土矿物。

2）化学淋溶

化学淋溶是指在水等介质作用下，土壤或岩石中的可溶性化学组分被溶解、迁移并从体系中流失的一种淋溶作用。在灰化过程中，凋落物中的单宁、木质素等有机物与 Fe^{2+}、Al^{3+}、Mn^{2+} 等金属离子结合形成环状螯合物，这些物质在酸性环境中溶解性增强，通过淋溶作用向下迁移。该过程加速了矿物分解并导致表层土壤中 Fe、Al、Mn 等元素流失，形成灰白色淋溶层。

3）化合价变化（氧化-还原）

氧化还原反应中，元素化合价的变化会导致物质形态和性质的改变。以潜育化为例，其核心机制如下：

潜育化是土壤形成过程中的重要阶段，表现为有机质在嫌气条件下经微生物分解形成腐殖质的过程。这一过程伴随碳元素的释放与固定，导致土壤肥力提升。潜育化阶段通过氧化还原反应实现碳固定与养分循环，直接影响土壤的物理、化学性质，为后续熟化过程奠定基础。

氧化还原反应的调控作用包括有机物分解和无机物转化。有机物分解是指有机物在嫌气条件下被厌氧微生物分解时，碳元素以二氧化碳形式释放（C 化合价升高），同时释放能量。无机物转化是指土壤中的矿物质（如氧化铁）在还原性物质（如硫化物）作用下发生价态变化，形成次生矿物（如针铁矿），进而影响土壤结构与肥力的过程。

6.1.3 土壤剖面

土壤剖面是指某一具体土壤的垂直断面，其深度通常延伸至基岩或达到地表沉积体的一定深度。土壤发生层是指土壤形成过程中所形成的具有特定性质和组成的、大致与地表平行且体现成土过程特征的层次。土体构型是各土壤发生层在垂直方向上有规律地组合和有序排列的状况。

最基本的三个发生层的组成包括：

① 淋溶层（eluvial horizon，A 层）：处于土体最上部，故又称为表土层，它包括有机质的积聚层和物质的淋溶层。

② 淀积层（illuvial horizon，B 层）：位于 A 层的下部，是物质淀积作用形成的。

③ 母质层（parent material horizon，C 层）：位于土体 A 层和 B 层下部，没有产生明显成土作用的土层，其组成物就是前面所述的母质。

6.2 土壤退化和土壤质量

6.2.1 土壤退化的概念

土壤退化指的是土壤数量减少和质量降低。数量减少可以表现为表土丧失，或整个土体的毁失，或土地被非农业占用。质量降低表现在土壤物理、化学、生物学方面的质量下降。

土地退化是指人类对土地的不合理开发利用导致土地质量下降乃至荒芜的过程。其主要内容包括森林的破坏及衰亡、草地退化、水资源恶化与土壤肥力下降等。

在许多情形下，人们常把土壤退化简单地作为土地退化来讨论，反之亦然。

土地退化的直接后果是：

① 破坏陆地生态系统的平衡及生产力；

② 破坏自然景观及人类生存环境；

③ 通过水分和能量平衡与循环的交替演化诱发区域乃至全球的土壤被破坏、水系萎缩、森林衰亡和气候变化。

6.2.2 土壤退化的主要类型及其防治

6.2.2.1 土壤沙化和沙漠化

土壤沙化和沙漠化的类型包括干旱荒漠地区的土壤沙化、半干旱地区土壤沙化和半湿润地区土壤沙化。

沙化是指土壤在风蚀作用下，表层土壤细颗粒减少而粗质砂粒增多的过程。沙漠化是土壤在风蚀作用下向沙漠生境演化的过程。沙漠是沙漠化的最终状态。

我国 1979 年至 1989 年的 10 年间，草场退化面积年均约 130 万公顷，人均草地面积由 0.4 公顷下降到 0.36 公顷。2000 年，我国共发生 13 次大范围强沙尘暴，由此造成的直接经济损失高达 540 亿元。宁夏大部属于古西夏国的范围，塔里木河流域下游曾是楼兰古国的地域，这些地区约在 1500 年前（魏晋至南北朝时期）仍是重要的农垦区，但如今相关古文明遗址已湮没于自然变迁中，文明实体不复存在。

6.2.2.2 荒漠化

（1）荒漠化的定义

根据《联合国防治荒漠化公约》的定义，“荒漠化”是指包括气候变异和人类活动在内的多种因素造成的，发生在干旱、半干旱和亚湿润干旱地区的土地退化。Desertification（荒漠化）一词最早是由法国的科学家 A. Aubreville 于 1949 年提出的，其原意聚焦于西非萨赫勒至刚果盆地的过渡带，特指该区域年降水量约 700～1500mm 的半湿润至湿润热带森林/稀树草原区。Desertization 在 1959 年由法国科学家 H. N. Le Houérou 提出，一般指沙质荒漠化或沙漠化。主要是强调在沙漠边缘的干旱、半干旱地区，由于人为活动作用，制造了“新沙漠”，气候因素则提供了一个适宜的环境条件。

《联合国防治荒漠化公约》于 2022 年 4 月 27 日发布的第二版报告——《全球土地展望：土地恢复以促进恢复和复原力》指出，人类活动已改变 70%地球自然地表，20%～40%的土地出现退化，直接影响全球半数人口。

（2）荒漠化土壤的分布

我国干旱、半干旱和亚湿润干旱地区的主体界线大体为：东起大兴安岭西麓，向西经锡林郭勒高原南缘、黄土高原北部，再向西南至祁连山北麓；沿祁连山向西延伸，涵盖柴达木盆地，并连接青藏高原西北部，至国界环绕成一个干燥寒冷的荒漠气候区域。

（3）造成土壤荒漠化的因素

①自然因素，包括干旱程度、全球气候变化、地质因素等。

②人为因素，包括水资源的过度开采，滥垦、滥牧、滥伐等。

（4）土壤荒漠化的防治

防治措施包括营造防沙林带、实施生态工程、建立生态复合经营模式、合理开发水资源以及控制农垦规模。

6.2.2.3 土壤流失

（1）土壤流失的概念

土壤流失是土壤物质由于水力及水力加上重力作用而被搬运移走的侵蚀过程，也称水土流失作用，主要类型包括流水侵蚀、重力侵蚀和冻融侵蚀。

以流水侵蚀为例，分面蚀和沟蚀两种主要方式。前者含溅蚀、片蚀和细沟侵蚀等不同发展阶段；后者为径流集中为股流而对地面土壤的冲刷，表现为细沟、浅沟、切沟、冲沟和河沟等形式。

(2) 造成土壤流失（侵蚀）的因素

造成土壤流失（侵蚀）的主要因素包括自然因素和人为因素两大类。

1) 自然因素

① 气候。

② 降水（尤其是暴雨）：是水力侵蚀的主要动力。

③ 地形：坡度越大、坡长越长，径流冲刷力越强。例如，黄土高原地区因坡度大、地形复杂导致水土严重侵蚀。

④ 土壤特性：黏土抗蚀性强于沙土，有机质含量高的土壤更稳定。

⑤ 植被覆盖：植被通过根系固土、减少地表径流减轻侵蚀。

2) 人为因素

① 过度开垦：陡坡耕作、过度放牧破坏植被，加速侵蚀。

② 森林砍伐：森林覆盖率下降导致水土流失面积扩大。

③ 工程建设：采矿、修路时若未采取防护措施会直接破坏土壤结构。

(3) 土壤流失的防治

要宣传和树立全民的“国土危机”意识，以防为主，标本兼治。

① 严禁乱砍滥伐，加大植被保护的力度。

② 尽快退耕还林、退耕还草，严格限制土地利用强度。

③ 按自然规律利用和开发土壤资源；宜耕则耕，宜林则林，宜草则草。

④ 实施科学的耕作方法，如土壤保护耕作法。

⑤ 加大水土保护的工程投入，加大水利工程、生态工程、农田工程、生物工程等相关工程建设。

6.2.2.4 土壤盐渍化与次生盐渍化

(1) 土壤盐渍化的概念

土壤盐渍化主要发生在干旱、半干旱和半湿润地区，是指易溶性盐分在土壤表层积累的现象或过程。

(2) 土壤次生盐渍化及其成因

土壤次生盐渍化是指在干旱、半干旱地区由于水文地质条件的不同而存在的非盐渍化土壤，因人类的不合理灌溉，促使地下水中的盐分沿土壤毛管孔隙上升并在地表积累，由此形成的土壤盐渍化。土壤次生盐渍化是土壤潜在盐渍化的显性化表现。次生盐渍化的成因包括以下几种：

① 由于发展引水自流灌溉，地下水位上升超过其临界深度，使地下水和土体中的盐分随土壤毛管水通过地面蒸发耗损而聚于表土。

② 利用地面或地下矿化水（尤其是矿化度大于 3g/L 时）进行灌溉，而又不采取调节土壤水盐运动的措施，导致灌溉水中的盐分积累于耕层中。

③ 在开垦利用存在心底土积盐层的土壤的过程中，过量灌溉产生的下渗水流会溶解活化其中的盐分，这些盐分随水分蒸发损耗后聚于土壤表层。

(3) 土壤盐渍化及次生盐渍化的防治

土壤盐渍化和次生盐渍化的防治应重点围绕“水”字作文章。

① 合理利用水资源。包括：

a. 合理灌溉，掌握灌溉时机，排盐返盐，提高产量。

b. 推广节水防盐技术，如滴灌、渗灌等，防止大水漫灌。

c. 减少输水渗漏。

d. 井、灌、排相结合。

② 因地制宜地建立生态农业结构，通过水改旱可有效防止次生盐渍化。

③ 精耕细作，多施有机肥，控制灌溉水质。

6.2.2.5　土壤潜育化与次生潜育化

土壤潜育化是土壤处于地下水和饱和、过饱和水长期浸润状态下，在 1m 内的土体中某些层段 Eh＜200mV，并出现因 Fe、Mn 还原而生成的灰色斑纹层、腐泥层、青泥层、泥炭层的土壤形成过程，常表现为 50cm 土体内出现青泥层。潜育化的治理方法包括开沟排水、多种经营、合理施肥和种植耐渍品种等。

6.2.3　土壤质量及评价

6.2.3.1　土壤质量的概念

土壤质量是土壤在生态系统界面内维持生产、保障环境质量、促进动物与人类健康的能力。

美国土壤学会把土壤质量定义为：在自然或管理的生态系统边界内，土壤具有动植物生产持续性，保持和提高水、气质量以及支撑人类健康与生活的能力。

土壤质量是根据土壤的主要功能来定义的，土壤有三大功能：生产力（生产功能）、环境质量（环境功能）和动物健康（健康功能）。

6.2.3.2　土壤质量评价

选择土壤质量参数指标，需要从代表性、灵敏性、通用性和经济性这几方面来考虑。物理指标有质地、容重、入渗速率、含水量、水吸力等。化学指标有 pH、EC、全氮、全磷、全钾、Eh 等。生物指标有微生物量碳、微生物量氮、潜在可矿化氮含量、土壤呼吸速率、土壤酶活性等。

土壤质量评价的农艺指标：①质地；②耕层厚度；③pH；④有机质；⑤全氮；⑥碱解氮；⑦速效磷；⑧速效钾；⑨容重；⑩CEC。

土壤质量评价的生态学指标：①种群丰富度；②多样性指数；③均匀度指数；④优势度指数。

美国土壤学家提出的土壤质量分析的最小指标矩阵为：①团聚性；②容重；③紧实度；④渗滤性；⑤电导率；⑥持水率；⑦pH；⑧有机质；⑨潜在可矿化氮含量；⑩土壤呼吸速率。

6.3　土壤生态恢复

6.3.1　概述

6.3.1.1　退化生态系统

（1）退化生态系统的概念

在自然干扰和人为干扰的作用下，生态系统的结构和功能发生位移，打破了原有生态系统的平衡，使生态系统固有的结构和功能遭到破坏或丧失，偏离自然状态的系统。

（2）退化生态系统的特征

① 系统结构：多样性、空间异质性降低，系统组成不稳定，一些物种丧失，优势种、建群种优势降低。

② 物质循环：生产者物质积累量降低，总有机质存储量少，矿物元素较为开放（环境中多，生物库中少）。

③ 能量流动：食物链缩短，生产、储存、交换的能量都降低。

④ 稳定性：结构单一，过程简化，抗逆、自我恢复能力都变差。

（3）对陆地生态系统而言退化的类型

① 裸地：存在湿、旱、盐渍等极端环境胁迫，土壤有机质少，基质迁移性强，分原生裸地和次生裸地两类。

② 森林采伐迹地：指森林采伐后留下的地段，其人为采伐干扰的强度和频度不同。

③ 弃耕地：耕地肥力减退而停止耕种，任其荒芜的土地。

④ 沙漠及荒漠化：由自然或人为原因引起。

沙漠可由自然干扰或人为干扰而形成。这里讲的沙漠，是指在人为干扰下，原来非沙漠的土地沙漠化的现象，主要是指一些干旱地区，由于人为干扰所出现的沙漠化或原沙漠区向非沙漠区的推进。所谓荒漠化，是指在干旱、半干旱地区和一些半湿润地区，生态环境遭到破坏，土地生产力衰退或丧失而形成荒漠的过程。

⑤ 采矿废弃地：指采矿活动破坏后遗留的土地，未经治理无法利用，主要类型包括废石堆、开采坑、尾矿和采石矿废弃地。

⑥ 垃圾堆放场：指专门用于堆放垃圾的场地，主要受人为堆放垃圾的干扰。

6.3.1.2 生态恢复的定义

生态破坏是指生态系统结构、功能、关系的破坏，生态恢复是指恢复生态系统的结构、功能和协调的关系。主要内容包括：

① 从生态和社会需求出发，实现生态恢复所期望达到的生态-社会-经济效益。

② 恢复能够达到上述效益的生态系统的结构和功能。

③ 通过对系统物理、化学、生物甚至社会文化要素的控制，带动生态系统恢复，达到系统自我维持状态。

生态恢复并不意味着在所有情况下，恢复的生态系统都是原先的生态系统，这既没有必要，也不可能。生态恢复的本质是：恢复系统的必要功能并使系统自我维持。

6.3.1.3 我国生态恢复面临的重大课题

① 我国生态系统复杂多样，因为人口众多，开发历史悠久，各类生态系统都受到不同程度的干扰和破坏，亟待恢复和重建。

② 随着经济建设的发展，许多重大工程相继上马，如何加速这些重大工程所在区域的生态恢复是迫在眉睫的任务。

③ 矿山废弃地的生态恢复问题。

④ 城市环境中的生态恢复问题。

6.3.2 矿区废弃地的生态恢复

6.3.2.1 矿区废弃地生态恢复路径

矿产的开采会造成土壤及植被的破坏，无论是表层开采还是深层开采都会造成土壤被大量迁移或被矿物垃圾堆埋，造成了整个生态系统的破坏。尽管现在很多国家颁布了法律进行土壤保护，但仍有大量矿区废弃地需要恢复，而且恢复过程力求花费少、效率高。

自然演替可使矿区废弃地逐步恢复，这是由于植被的发展能提供有机质及较低的土壤密度，能将矿质元素吸收到地表并以一定形式富集。最重要的是，一些固氮植物能迅速提高原先土壤中缺乏的氮储量，所以引入一些适宜的物种是非常必要的。

6.3.2.2　案例分析——赤峰市元宝山矿区生态恢复的研究

（1）赤峰市元宝山矿区环境特点

位置：元宝山矿区位于赤峰市东南部的黄土丘陵区。

气候：属温带半干旱气候，光热资源丰富，无霜期 140d，≥10℃积温 3100℃。年降水量 40～50mm，年平均湿润度 0.4，而 3～5 月只有 0.1～0.2，这里盛行西北风和西南风，春季干旱多风，3～5 月 8 级以上大风时间达 20d。

土质：地带性土壤为发育在黄土母质上的栗褐土，主要分布于丘陵、台地；沿河分布草甸土。露天矿附近的排土场经过大规模的环境扰动，原来的表层土壤被堆埋，代之以结构迥异、质地粗粝、肥力低下的人工土状堆积物。这些地段地表温度变化剧烈，易被风蚀，产生沙暴，不适于植物生长。

（2）废弃地的类型及分布

1）排土场

20 世纪 60 年代以来，露天煤矿分层剥离排土占压耕地形成了 1300hm^2 的排土场，此排土场分为两片：

① 上层排土段（图 6-1）：约 600hm^2，为土石混杂堆积物，土质瘠薄，植物稀疏，构成人为的荒漠化环境。

图 6-1　上层排土段治理前

② 下层排土段：约 667hm^2，为 20 世纪 70 年代以来露天矿下层排土形成，以泥质页岩、砂岩、碳质页岩碎屑为主，地表几乎无植物覆盖，下层排土段潜在的养分较高，适于种植豆科牧草。

2）塌陷地

为地下采煤形成的块状、带状的塌陷地面。地表破碎，起伏不平，水土流失严重，植被产量低。优势群落为糙隐子草、胡枝子、百里香和甘草，伴生植物有阿尔泰狗娃花、蒙古虫实、三芒草等。植被覆盖度为25%～35.9%，每公顷仅产干草1.73～3.39kg。

3）矿区闲置荒草坡

为分布于大小煤矿之间的石质和土石质丘陵坡地的废弃地。土壤为栗褐土，土体紧实，透水性差，坡度较大，侵蚀严重。

土质贫瘠：有机质含量（质量分数）只有0.78%，速效氮30.8μg/g，速效磷3.6μg/g。

植被产量低：主要为糙隐子草、胡枝子群落，伴生种有冠芒草、阿尔泰狗娃花、冷蒿、甘草等。植被覆盖度为15%，每公顷仅产干草0.8kg。

（3）废弃地的植被恢复工程

由于本区干旱少雨，土壤环境恶化，选择工程措施与生物措施相结合的方法，通过围栏、排石整地、植树造林、补插牧草、人工种植优良牧草等一系列技术措施，对3类废弃地进行整治试验。

1）引种栽培试验

在排土场人工堆积物上建立人工、半人工草地尚无先例，研究人员从1989年开始，通过移土盆栽和实地引种的方法，对沙打旺、草木樨、紫花苜蓿、披碱草、冰草、羊草等十几种优良牧草进行栽培试验。

从中筛选出生态幅度宽、抗逆性强、耐贫瘠的多年生牧草沙打旺作为植被恢复的主要品种，其次为改良土壤效果好的2年生牧草草木樨。试验证明，播种时间宜在6月下旬，此时干旱期已过，雨季即将来临，容易成苗。

2）排土段植被重建工程

① 林网人工草地　对于起伏不平的上层排土段这一类废弃地的恢复，首先用大型推土机平地，排石整地，建立草、灌、乔结合的林网草地。同时保留对照地，围栏封育，观察自然植被的恢复过程。

② 补播半人工草地　对于土层较厚、地势平坦的上层排土段，采取清石整地，头年入冬前补播草木樨、沙打旺等草籽，建立半人工草地。

③ 林草间作　对含腐殖酸和有机质较高的下层排土段，营造速生杨，株距3m，行距4m，林间播种沙打旺，形成林草间作的林网草田。

图6-2为上层排土段治理后效果图。

图6-2　上层排土段治理后

3）塌陷地的植被恢复

新的塌陷地：主要采用机械平地、填沟等工程措施，防止漏水和发生新的塌陷。另外，选择较平坦的地段，播种沙打旺和紫花苜蓿，建立人工草地。

老塌陷地：机械平地，播种沙打旺，建立人工草地。

4）矿区闲置草坡植被的重建

在坡度大、土层薄的山坡上，采用沿等高线开挖鱼鳞坑（图 6-3、图 6-4）或水平沟（图 6-5）的方法，在坑内种油松、杂交杨，林带间播种沙打旺。在坡度较缓、土质较好的废弃地上，进行翻耕整地，建立林网草地；沿等高线开沟营造油松林，株距 1.5～3m，行距 4m，带间播种 2～4 行沙打旺。上述措施不仅增强了水土保持能力，改善了生态环境，提高了土壤肥力，促进了油松的正常生长，林带间播种沙打旺的油松幼树生长旺盛，比对照地高出 35～85cm，幼树成活率均在 90%以上。沙打旺产量为对照地产量的 14.6 倍。

图 6-3　鱼鳞坑

图 6-4　鱼鳞坑种植

（4）矿区废弃地生态恢复的生态经济模式

废弃地的生态恢复不仅是一项环境整治工程，而且是一项生态经济工程。在元宝山矿区探索了将生态恢复与当地社会发展结合的优化模式，即在废弃地上建立人工草地，将改善环境、发展牧草加工业与城镇居民的“菜篮子”工程相结合，既供应市场牧草产品，又增加就业机会。

图 6-5　水平沟

从 1989 年开始，3 年多以来共建立人工、半人工草地 750hm^2，年产优质牧草 4000t 以上，不但改善了矿区生态环境，防治了水土流失和土地退化，而且获得了丰富的优质牧草，使养殖业得到发展。在试验区先后建立了 3 处日加工能力 8t 的饲料加工厂，若以每年生产 4 个月计算，年生产能力可达 2880t，其中一半牧草可加工成草粉，另一半调制成干草，除满足饲养区养殖业所需饲料外，尚可为元宝山矿区的大型肉鸡公司和奶牛公司提供高蛋白饲料。

为配合矿区“菜篮子”工程，使种植、养殖、加工一体化，试验区于 1990 年在毛家村建起一处饲养场，并有配套的贮草、饮水设施，打草、青贮和加工设备。

矿区废弃地合理开发利用的生态经济模式如图 6-6 所示。

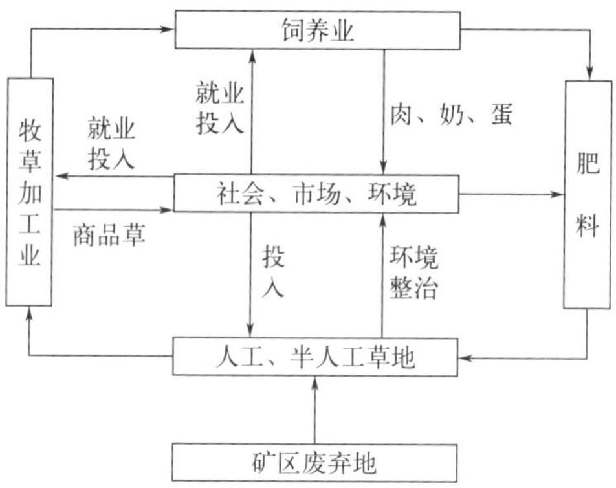

图 6-6　矿区废弃地合理开发利用的生态经济模式

6.3.3　沙漠化土地生态恢复

6.3.3.1　沙漠化的过程

土地缺少了水分和养分，植物就无法正常生长，裸露的地面极易遭受风沙侵蚀和水土流失，没有植被保护，土壤中水分和养分进一步流失，土地生产力长期丧失，形成如同荒漠般的景观，即发生土地退化。

6.3.3.2　沙漠化土地生态恢复工程措施

（1）治沙工程

1）工程治沙——以沙障或胶结物质固定流沙

案例一：包兰铁路（图 6-7）治沙工程

图 6-7　包兰铁路

这一治沙工程被誉为“世界奇迹”，并被联合国环境规划署授予“全球环境保护 500 佳”称号。

麦草方格沙障（图 6-8）：即在流沙表面用麦草扎成 1m×1m 的草方格，使流沙不易被风吹起，达到阻沙、固沙的目的，并在草方格上栽种沙蒿、花棒、柠条等沙生植物，建立起旱生植物带，营造挡沙树林。

图 6-8　沙坡头的麦草方格沙障

案例二：塔克拉玛干沙漠公路治沙工程

为了防风固沙，在沿线流沙地带大规模铺设芦苇方格（图 6-9）。

2）植物治沙

① 建立人工植被或恢复天然植被以固定流沙；

② 营造大型防沙阻沙林带，以阻截外侧风沙对绿洲、交通沿线、城镇居民点及其他经济设施的侵袭；

③ 营造防护林网，以控制耕地风蚀和牧场退化；

④ 保护封育天然植被，以防止固定、半固定沙丘和沙质草原沙漠化。

案例：三北防护林治沙工程

三北防护林（图 6-10）跨越中国 13 个省（区、市），这一地区的生态环境关系到下游

图 6-9　芦苇方格

地区人民的生产、生活和经济发展。如黄河上游的水土流失容易导致下游地区洪水泛滥，而危害巨大的沙尘暴的发生也与这一地区的土地沙漠化有关。

图 6-10　三北防护林

（2）水土环境整治工程

局部改善沙地恶劣条件，为植物生长发育提供适宜条件，具体包括：

① 集水技术　采用一些措施形成地表径流将雨水集存起来。

② 径流林业　采取拦截措施使降雨径流汇集后能畅通地流进水渠，通过水渠把水引入种植植物的低洼地，供给植物生长所需。

③ 整地工程　通过整地增加土壤通气性，提前截留蓄水增加土壤湿度，积累养分和枯枝落叶，改良土壤和增加肥力，以保证造林的质量。

（3）生物恢复技术

主要包括防风固沙林生态恢复技术和植草生态恢复技术。

种群的选择：遵循适地和有利用价值的原则，选择具有抗风沙、耐干旱、耐贫瘠、生长快、枝叶稠密、防护性能强、经济价值高、易繁殖、寿命长特性的物种。例如，抗高温、抗严寒、抗干旱的梭梭（图 6-11）、沙拐枣（图 6-12）和沙柳（图 6-13）。

案例：科尔沁沙漠化综合整治

科尔沁沙漠化整治的总体思路是自然恢复、人工促进自然恢复与生态系统重建相结合，依据不同退化程度及小区域自然、社会经济条件及发展需求，采用“小生物圈”恢复模式，即：

图 6-11　梭梭

图 6-12　沙拐枣

图 6-13　沙柳

① 中心区。建立滩地绿洲高效复合农业生态系统，以重建及农业生态系统恢复为主。

② 保护区。建立人工-自然复合生态系统，自然恢复与人工促进恢复相结合，建立防护体系和天然草场恢复带。

③ 缓冲区。即硬梁/流沙地灌草防护带，以保护性自然恢复为主，防风固沙，逐步恢复自然植被。

6.3.4　水土保持生态恢复

水土保持生态恢复工程是以流域为单位，坚持生物措施、工程措施、农业措施相结合，应用生态工程原理，实施山、水、田、林、路综合治理的技术体系，实现生态-经济-社会效益相统一的综合治理目标。

6.3.4.1　水土流失

我国是世界上水土流失最严重的国家之一，在黄河中游黄土高原地区、长江中上游地区、东北黑土地区、北方土石山区、南方红壤丘陵地区等都有水土流失发生，其中以黄土高原地区最为严重。

影响水土流失的因素包括自然因素和人为因素。自然因素是指动力条件（降雨量和降水强度等）和地面条件（地质活动、地表组成物质、地貌形态、植被状况等）。人为因素是指不合理的生产建设活动以及其他人为活动。

以南方低丘陵地区水土流失为例，自然因素包括土壤、气候、地形和植被，人为因素包括大量砍伐薪柴、开垦陡坡、毁坏树木、过度放牧和采樵、滥用土地等。水土流失会影响农业生产、造成生态恶化、淤积江河湖库，加剧洪涝灾情，影响水土资源的综合开发和有效利用。南方低丘陵地区水土流失的治理措施包括：①生物措施（植树、种草等）；②工程措施（兴修水库、修建水平梯田、打坝淤地等）；③小流域综合治理。

6.3.4.2　水土保持生态恢复工程的技术类型

水土保持生态恢复工程的技术类型包括农耕技术措施、工程措施和生物措施。

（1）农耕技术措施

农耕技术措施是指通过改变农耕习惯（如改纵向耕作为横向耕作）来防止水土流失、保持土壤肥力、提升农业生产效益的技术手段，主要包括以改变微地形为主的农耕措施和以增加地面覆盖为主的耕作措施。

（2）工程措施

1）坡面治理

① 修建水平梯田可以改变坡面水流路线，降低水流速度，就地拦蓄水分，促进泥沙就地沉积。在缓坡地上修建水平梯田蓄水保土是黄土高原水土流失治理的关键工程措施（图 6-14）。

图 6-14　黄土高原上的水平梯田

② 坡面蓄水工程是为了拦蓄坡地的地表径流，满足流域内人畜用水或灌溉用水而建造的小型集水工程，包括集水池、旱井等。

2）沟道治理工程

① 沟头防护工程是防止因径流冲刷而引起沟头前进、沟头扩张和沟底下切的工程措施。

② 谷坊工程在沟底修建的小坝（图 6-15），一般修在沟底正在下切的小支、毛沟中，其主要作用是固定沟床侵蚀基点，防止沟底下切与沟岸扩展，缓洪挡沙。

图 6-15　浆砌石谷坊

③ 修建拦沙坝（含淤地坝）是行之有效的水土保持工程措施，具有拦蓄泥沙、巩固沟床、淤地造田（扩大耕地面积）、提升土地质量等多重作用。其中，淤地坝（图 6-16）的作用尤为突出：既能拦蓄泥沙、阻止其汇入下游河道，还能使淤积的泥沙形成“坝地”——这类土地土层深厚、土质疏松且肥力较高，可作为优质耕地使用。

图 6-16　淤地坝

（3）生物措施

生物措施的核心是造林种草，通过增加植被覆盖率遏制水土流失。

案例：黄土高原水土流失的治理

采用小流域综合治理方式，遵循生物措施和工程措施相结合的原则，配套保塬、护坡和固沟的治理方针。黄土高原防护体系结构示意如图 6-17 所示。

图 6-18 为黄土高原治理前后对比图。

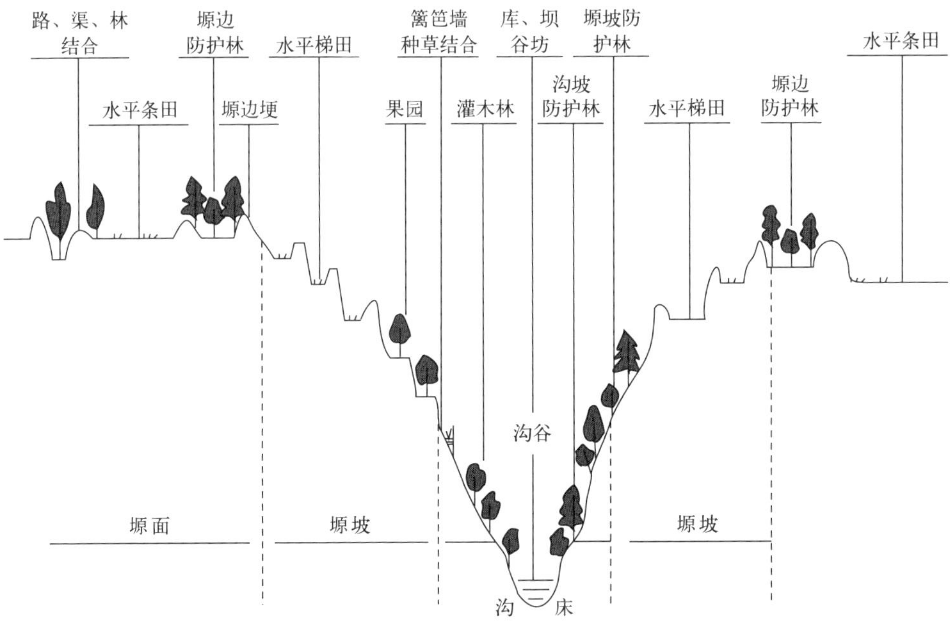

图 6-17 防护体系结构示意图

(a) 未经治理的黄土高原

(b) 治理后的黄土高原

图 6-18 黄土高原治理前后对比图

6.3.5 湿地的生态恢复

6.3.5.1 湿地的定义

（1）《湿地公约》的定义

1971 年在伊朗拉姆萨尔召开的“湿地及水禽保护”国际会议上，18 个国家的代表签署了《关于特别是作为水禽栖息地的国际重要湿地公约》，简称《湿地公约》。公约界定：湿地系指天然或人工、长久或暂时存在的沼泽地、湿原、泥炭地或水域地带，包含静止或流动的水体，且水体可为淡水、半咸水或咸水，同时包括低潮时水深不超过 6m 的水域。其范围不仅限于沼泽、泥炭地、盐沼和红树林，还包括湖泊、河流、盐碱地以及低潮时水深不足 6m 的滨海水域，也包括人工湿地，如水田、鱼虾池塘、水库和运河等。

（2）其他国家关于湿地的定义

美国将湿地定义为：陆地和水域之间的过渡带，其地下水位通常在地表或接近地表或被浅层水覆盖的地域。湿地必须至少具有下述三个属性之一：至少周期性地支持水生植被生长；地表是没有水流的潮湿土壤；地表在每年植物生长季节可短时间被水浸泡或被浅层水覆盖。

加拿大对湿地的定义为：水淹或地下水位接近地表且浸润时间足够长，从而促进湿化与水成过程，并以水成土壤、水生植被和适应潮湿环境的生物为标志的土地。

英国湿地的定义为：地表长期受水浸润的区域，具有自由水面，通常四季存水，但一年中可以在有限的时间内无积水；自然湿地的主要控制因子为气候、地貌和地质条件。

（3）中国对湿地的定义

中国国家林业局于 1997 年将湿地定义为：天然或人工、长久或暂时性的沼泽地、湿原、泥炭地或低潮时水深不超过 6m 的海域。

国内湿地专家的定义是：陆地上常年或季节性积水（水深 2m 以内，积水期 4 个月以上）和过湿的土地。它与其生长、栖息的生物种群构成独特的生态系统。

6.3.5.2　湿地功能

（1）生态功能

1）保护生物和遗传多样性

湿地是水生动物和水生植物的生存场所、繁殖基地，也是其完成生命周期的关键环境，被称为“物种基因库”。

2）减缓径流和蓄洪防旱

一般来讲，湿地位于地势低洼的地段，与河流相连，是天然的蓄洪区。洪水期可蓄存洪水；干旱季节，可将洪水期蓄积的水向下游和周边地区排放，防旱功能十分明显。若湿地被隔离或淤积，这一功能将大大减弱甚至丧失。1998 年长江流域的特大洪水，与湿地破坏有密切的关系。

3）固定 CO_2、调节区域气候

湿地在植物生长过程和促淤造陆过程中积累了大量的无机碳和有机碳，由于湿地微生物活动弱，土壤吸收和释放 CO_2 十分缓慢，形成了富含有机质的湿地土壤和泥炭层，固碳作用明显。

4）降解污染物、净化水质

自然湿地生长的湿地植物、微生物通过物理过滤、生物吸收和生物化学合成与分解，将人类排入湖泊、河流的有毒、有害物质转化为无毒甚至有益的物质，湿地降解污染物和净化水质的功能是其他生态系统无法比拟的。

5）防浪固岸、守护岸线安全

湿地植被可减缓海浪的流速和冲击力，水中的泥沙也将逐步沉淀形成新的陆地，对农田、鱼塘和盐田甚至村庄均起一定的保护作用。

（2）社会经济功能

1）重要的水源地

湿地是生产、生活用水的重要水源地。湿地通过渗透还可以补充地下水，有稳定地下水位的作用。

2）提供丰富的动植物资源

湿地生态系统具有较高的生物生产力。

3）提供丰富的工业原料

湿地不仅为人类社会提供食盐、天然碱、石膏等多种工业原料及硼、锂等多种稀有矿藏，还为工业部门（造纸、饲料、制药等行业）提供原料。

4）提供能源和水运条件

湿地可提供水能资源，我国水能蕴藏量占世界第一位，达 6.8×10^8kW，有巨大的开发潜力；沿海河口港湾，蕴藏着巨大的潮汐能。湿地泥炭可直接用于燃烧。湿地中的林草可用作薪材，是湿地周边社区重要的能源。

5）景观与旅游

湿地有自然观光、旅游、娱乐等美学功能。中国的许多旅游风景区分布在湿地。滨海的沙滩、海水是重要的旅游资源，一些湖泊因景色壮观秀丽也成为旅游胜地。如滇池、太湖、洱海、杭州西湖等都是著名的风景区。尤其是城市中的水体，在美化环境、调节气候、为居民提供休憩空间方面有非常大的社会效益。

6）教育与科研价值

湿地生态系统中的动植物群落（含濒危物种）在科学研究中占有重要地位，湿地生态系统既为教育和科学研究提供了对象、材料和试验基地，也为古地理过程的研究提供了重要的信息。

6.3.5.3 湿地恢复生态工程设计的基本原理和主要技术

6.3.5.3.1 湿地恢复生态工程设计的基本原理

（1）湿地生态过程独特性原理

湿地的自然生态过程包括水文过程、生物地球化学过程、生态系统动态过程、物种适应过程、湿地生物定居过程及自身演替过程，即湿地有其自身发展、演化的规律。人类对湿地自然生态过程只能起到加速或延缓的作用，而不能改变其发展的方向。因此，只有在尊重湿地自然生态过程的前提下，对湿地实施生态工程建设，才能将其恢复为一个具有自我组织、自我协调、自我维持能力的生态系统。

（2）生物多样性与岛屿理论

保护生物多样性，有利于生态系统内营养元素的循环转化，也为能量流动提供了多种可选择的途径。湿地是天然的蓄水库，是地球上生物多样性极为丰富的生态系统，其生物多样性的完整程度是湿地功能完善程度的基本保证。

6.3.5.3.2 湿地恢复生态工程设计

6.3.5.3.2.1 湿地的恢复与重建

湿地恢复与重建是指恢复到湿地的原生状态，即未受干扰之前的湿地类型；应结合当前社会和经济发展对湿地的需求；无论恢复为何种类型的湿地，都不能违背自然法则。

（1）湿地恢复与重建的目标

① 恢复湿地生态系统结构，保证湿地生态系统的正常演替与发展；

② 恢复与重建湿地植被和土壤，恢复湿地生态系统正常的生物循环和能量转化；

③ 恢复或提高湿地的生物多样性，发挥其多种生态服务功能，提高其生产力；

④ 减少或控制对湿地的污染；

⑤ 恢复与重建湿地景观，增加其美学效果。

（2）湿地恢复与重建的误区

① 不了解湿地的自然属性和水生生物对生境的需求和耐性，形式上恢复了湿地，但恢复后的湿地与原来的结构存在较大的偏差。

② 恢复区面积往往比先前的湿地面积小得多。因此，湿地的功能不能有效地发挥，水禽所需要的最小生存空间无法满足。这种局部湿地的恢复形同虚设，不能从根本上恢复湿地。

6.3.5.3.2.2 湿地恢复与重建的设计程序

（1）对湿地退化状况的调查及评价

对湿地的退化状况进行调查和评价，以明确造成该湿地退化的原因、恢复潜力等。

（2）确定湿地恢复区域

要选择一个恢复区域，首先要确定该恢复区域属于地方、省级还是国家级优先恢复区域。要在一系列的恢复地点中选择最佳的恢复区域，需要考虑水文条件、地形地貌条件、土壤条件、生物条件。

（3）湿地恢复区域的本底调查

在设计一个恢复项目之前，应该对恢复区域进行本底调查和评估，以便了解该区域过去和现在的状况。需了解恢复区域过去是否属于湿地范畴，如果属于湿地，确定是哪些因素导致了湿地的退化或者丧失，特别是恢复区域过去的水文要素、植被的分布格局、地形地貌、物种对栖息地的需求等，了解恢复区域现在的状况。

（4）确定湿地恢复的目标

确定湿地恢复的目标就是对湿地恢复项目预期结果的陈述，它反映了开展湿地恢复项目的动机。根据不同的地域条件，不同的社会、经济、文化背景要求，湿地恢复的目标也会不同。有的目标是恢复到原来的湿地状态，有的目标是重新获得一个既包括原有特性，又包括对人类有益的新特性的状态，还有的目标是完全改变湿地状态。

（5）使用参照地点

参照地点即在该区域中能代表恢复湿地类型的受干扰最小的湿地，以此来替代恢复区域退化之前的湿地状态。

（6）选择恢复方法

湿地恢复的最佳方法就是在可能的情况下选用最简单的恢复方法，因为越复杂的恢复方法，越容易在某个环节出现偏差。采用破坏性最小、生态友好性最强的方法更容易实现恢复目标。在实施更多的人为干预之前，应考虑采用自然恢复的方法。如果一些自然恢复过程不能采用自然恢复方法，应更多地考虑采用生物工程手段，而不是传统的工程措施。

（7）开展湿地恢复工作

按照生态系统的恢复与重建原则，对湿地生态系统的功能设计、风险评价及恢复与重建指标体系等对策与方法进行全面规划和研究。在湿地恢复方案实施过程中，要利用和发展新技术，把湿地的恢复范围从局部扩大到整个流域，最终实现景观水平的恢复。

（8）湿地恢复的监测

在湿地保护和管理的各种方法、策略中，特别是在评价管理行为的成功性方面，监测都起着重要作用。湿地恢复的监测方案应与湿地恢复规划同时完成，内容应包括监测方法、监测指标、实施路线、采样频率和强度等。通常情况下，湿地恢复前和恢复后的监测都是必要的。

(9) 湿地恢复的长期管理

湿地生态系统是一个不断与周边环境发生反应，并随时发生演变和变化的生态系统。湿地恢复措施的完成，仅是一个成功的湿地恢复项目的开始，后续还需对恢复后的湿地进行长期管理，以使其发挥预期的生态功能，并将人为影响降至最低。长期管理通常包括维护现有的各类设施（如水利设施、监测设施等）、对生物群落和植被类型进行长期管理、解决入侵物种问题与沉积物过量的问题，以及应对各类非预期的事件。

(10) 湿地恢复的综合评价

湿地恢复不仅包括生态要素的恢复，也包括生态系统的恢复。生态要素包括土壤、水体、动物、植物和微生物，生态系统则包括不同层次、不同尺度、不同类型的生态系统。因此，需要对湿地恢复进行综合性评价，以确定其是否达到了预期目标，被损害的湿地是否恢复到或接近于其退化前的自然状态。

6.3.5.3.2.3 湿地恢复与重建的具体措施

(1) 河流湿地的生态恢复与重建措施

1) 污染物总量控制

污染物总量控制是有效控制上游排污，使河流水质得以净化的“从源头治理”的根本措施。具体措施为按照河流下游的环境容量，规定河流上游地区污染物的最大允许排入量，并以排污许可证的形式分配给上游各排污单位，通过断面监测实现总量控制。一是遵循“谁污染谁治理”的原则，收取上游排污单位的排污费，以弥补下游的损失；二是限定其关停，从污染源头治理。

2) 植物修复

植物修复是通过植物的生理功能，挥发、稳定水体中的重金属污染物，或降低污染物中的重金属毒性，以清除污染、净化水质的技术。

① 植物挥发　是指重金属通过植物的选择性吸收，产生毒性小的挥发性物质。如含汞的工业废弃物——离子态汞（Hg^{2+}），在厌氧细菌的作用下可转化为对环境危害极大的甲基汞（MeHg）。利用细菌、酶的作用将甲基汞和离子态汞转化成毒性小、可挥发的单质汞（Hg），是典型的降低汞毒的生物措施。如食汞转基因烟草可大量“吞食”土壤和水中的汞，转化为气态汞后，再释放到大气中；水生美人蕉亦可吸收汞等有害元素，净化水质。

② 植物吸收　也称植物过滤或植物萃取，是一种用植物去除环境污染元素且具有永久性和广域性的植物修复技术。它利用一些植物的根、茎吸收一种或几种污染物（毒素），将其转移、储存在植物茎、叶中，然后通过收割、离地处理，将污染物排出系统之外。

可吸收“毒素”的植物也称超积累植物。超积累植物对重金属的吸收量为一般植物的100倍以上，它积累的Cr、Co、Ni、Pb的含量一般高于0.1%（干重），积累的Mn、Zn含量一般在1%以上（干重）。如蕨类植物铁角蕨属对土壤重金属有较强的吸收和聚集能力，对镉的吸收率可达到10%，连续种植多年则能有效降低土壤含镉量。

③ 植物吸附　直接发生在植物根（或茎、叶）部表面。植物表面吸附是去除水体重金属污染的便捷措施。该过程由配位、离子交换和选择性吸收等物理和化学过程共同驱动，且不要求生物活性，在死去的植物体表面也可以发生。沉水植物和浮叶根生植物是典型的用吸附法去除重金属的植物。

(2) 湖泊湿地的生态恢复与重建措施(针对富营养化现象)

1) 化学措施

向湖中加入铁盐或铝盐,将湖水中溶解的无机磷转化为不溶性磷酸化合物沉淀,以抑制湖泊中生物的生产力。例如,美国的Horseshoe湖,在水面下60cm处加入10mg/L的铝盐后,总磷浓度由250μg/L降低到50μg/L,低水温层磷浓度的降幅更大。美国的Snake湖,向湖水中加入12mg/L的铝盐和铝酸钠溶液,处理一年半后,总磷浓度由0.15~0.5mg/L降低到0.03~0.13mg/L,且冬季溶解氧增加。

2) 工程措施

工程措施包括湖水的置换、湖泥的处理和曝气处理。

① 湖水的置换 即向湖中加入营养盐含量低的水,置换营养盐含量高的水,冲洗出浮游植物,以降低湖水中营养盐的含量,抑制生物的生长。例如,美国的Green湖,通过向湖中注入自来水,湖水磷、硝酸盐氮浓度显著降低,绿藻繁殖得到抑制。美国的Snake湖,抽取地下水入湖,两个月后,湖水总磷浓度由600μg/L降低到200μg/L。

② 湖泥的处理(即疏挖湖底) 用浸透性小的膜或卵石覆盖营养盐含量高的底泥,抑制其向湖水中溶出和侵入水生植物的根部。如美国的Eola湖,用卵石覆盖湖底,防止了硫化氢气体的产生,增加了湖水的透明度。

③ 曝气处理 即在产生温跃层的水域底层曝气以补充溶解氧,维持夏季停滞期底层的好气性,防止磷从底泥中溶出及硫化氢、甲烷等气体的产生。如德国的Wahnach水库,利用该方法,将夏季停滞期水库底层的溶解氧维持在3mg/L的水平,锰离子浓度由3mg/L降至0.2mg/L,磷离子浓度由80μg/L降低到20μg/L。

3) 生物措施

生物措施包括去除生物和全层曝气两种方法。

① 去除生物 通过去除水生植物、藻类、植物残骸等技术,降低水中营养盐含量,净化水体。

② 全层曝气 通过专用设备加速水体循环,实现全层曝气、破坏成层、改善水质并抑制藻类生长的技术。在夏季成层期,底层的溶解氧不足,通过人工循环,使水体上下混合,防止底泥中的营养盐溶出,避免藻类长时间滞留在有光层,从而抑制其生长。在有光层浅的湖泊中,溶解氧增加后,铁、锰的氢氧化物能吸附磷而沉降。

4) 其他措施

除上述措施外,改善富营养化水质的方法还包括:

① 水位操作 通过升高或降低水位抑制水中生物;

② 物理对策 采用机械收割等方式,去除水中过量的植物等;

③ 化学抑制 向湖水中撒入杀菌剂、除草剂等,杀灭或抑制某些有害生物;

④ 生物抑制 利用非公害性水生植物的繁殖,抑制有害水生植物生长等。

(3) 盐碱湿地的生态恢复与重建措施

1) 工程措施

即采用物理方法,减少地表水和盐分的积累,降低地下水位至临界深度以下,控制盐渍化的发生、发展,改良盐碱湿地。目前采用的主要工程措施有现有排水系统的疏通、排灌系统的配套、输水渠道的衬砌、清淤、节水灌溉措施等。

例如,我国巴彦淖尔市河套灌区内有长180.85km的总干渠和长206.28km的总排干沟各一条。为控制盐碱化的发生和发展，用草、秸秆、水泥等对输水渠道进行砌衬；在节水灌溉方面，多采用井灌、喷灌、滴灌，以灌代排，对土壤中的盐分进行冲洗、淋溶；竖井提灌使 1m 土层内平均含盐量由 0.0721%降至 0.0384%，降低了 46.74%，pH 由 8.42 降至 7.68。灌区井灌与黄灌匹配，井灌的单井控制面积为 16.7hm^2，井灌区与黄灌区配套的面积比为 1∶1，不仅充分利用了水资源，而且有效地控制了盐渍化。

2）生物措施

生物措施是通过种植植物，达到除盐、滤盐，控制盐渍化的技术。

例如，我国巴彦淖尔市河套灌区通过农作物种植、植树造林和种植绿肥牧草，扩大地表植被覆盖面积，将巴盟河套地区建成小森林生态系统，有效地治理了盐碱湿地。

具体措施为：

① 利用树木蒸腾代替地表蒸发，降低地下水位，控制盐渍化的发生；

② 利用粗密且植入深层土中树木的根系吸收水分，使地表水下移，返回地表的盐碱也随水下移，控制和减少了地表盐碱的积累；

③ 利用耐盐碱的树木吸收部分盐碱，减少土壤中盐碱的积累；

④ 发挥森林改良盐碱土的作用（根系疏松土壤、改良土壤结构，豆科植物根瘤菌的固氮作用，枯枝落叶和枯根回归土壤以增加土壤有机质，吸引鸟兽栖息并增加粪肥输入），提高土壤肥力，使灌区森林生态系统向着空气湿润、降雨增加、土壤肥沃的方向发展，从根本上治理盐碱湿地。

3）农业措施

缩小地块面积，平整土地，加强农田基本建设，保护好现有的耕地；精耕细作，实行科学种田；选用优良耐盐碱的作物品种，合理进行复种、套种；增施有机肥，提高地力；提倡合理灌溉、节约用水的管水、用水制度，通过深翻晒垡，浇水压碱改善土壤。

（4）沿海滩涂的恢复

1）沿海滩涂存在的主要问题

盐沼湿地一直处于演化中，最终退化为海滨盐土生态系统。在侵蚀岸带，潮流与岸滩的作用导致岸滩侵蚀，泥沙流入海洋，海岸后退，过去的盐沼变为海洋，过去的陆地由于海水入侵变为盐沼，随着海岸的后退，一些动物种群也后退或消亡；在淤长岸段，潮流携带的海水泥沙和其他沉积物被沉积，岸滩因此抬高和向海淤进，随着岸滩的抬高，海水已经不能到达，过去的潮沟演变成地表径流，或退化为季节性水塘，过去的潮流堆积体演变成土丘，盐沼湿地的地貌发生根本变化，植被退化，最终退化为不毛之地。

2）滩涂退化原因分析

滩涂退化的原因包括自然因素和人为因素。其中，自然因素常见的有海平面上升、海岸侵蚀、入海泥沙量减少等。人为因素主要有滩涂围垦、围滩养鱼、围滩排放污染物、不当处理废水、工厂和城镇建设、盐田建设、码头建设、道路建设、高强度的采集业、旅游设施建设等。

3）修复措施

① 针对海滨盐土生态系统，可运用功能群配置和不同生态位引种的原理，界定适应盐土环境的功能群，尤其是盐生植物、耐盐植物功能群（包括与之共生的微生物功能群），并进行功能群多样性的配置。

② 通过“边利用边改良”模式修复海滨盐土。直接引种耐盐经济植物，在实现资源

利用的同时完成土壤改良，具有投资小、见效快的优势。

4）形成的模式

① 海滨盐土植被修复与经济利用模式 研究开发一系列适合我国盐土资源的优质耐盐经济植物种质资源，充分利用盐土和海水资源，在滩涂不毛之地实施植被修复的同时，直接、快速地建立第一生产力；有效发展海滨盐土农业生态工程，延长生态产业链，加大开发力度，确保生态、经济和社会综合效益的提高。

② 耐盐牧草、饲料选育与滩涂扩繁模式 综合运用生物技术与生态技术，选育高产、优质、抗逆的牧草品种，在滩涂大规模扩繁，并通过平衡供草技术的实施和一定规模的饲喂试验，为沿海地区开发种草养畜业提供科学依据。

③ 滩涂草基鱼塘模式 针对含盐量 0.4%以上的光滩，可通过修筑挡潮堤实施框围改造。每年 4～10 月蓄水养鱼，11 月排水捕鱼后，选择耐盐的黑麦草作为优势草种种植，构建滩面冬春牧草群落。在堤脚与鱼沟之间的滩面和塘内部分滩面种植芦苇，使滩涂土壤含盐量明显下降，这些滩涂可用于农田开发或其他养殖项目。

④ 新筑海堤绿化护坡的植被重建模式 采用耐盐黑麦草混播植草技术，构建费用低廉、易于操作、便于管理、节省时间和效果显著的海堤绿化护坡植被重建模式，使目标植物能在高盐碱和极度贫瘠的新筑海堤上存活，实现绿化护坡、美化景观和可持续利用的多重效益。

参考文献

[1] 曹志洪，周健民．中国土壤质量 [M]. 北京：科学出版社，2008.

[2] 曾现来，张永涛，苏少林．固体废物处理处置与案例 [M]. 北京：中国环境科学出版社，2011.

[3] 陈怀满．环境土壤学 [M]. 2 版．北京：科学出版社，2010.

[4] 陈卫．水资源循环经济配置与核算 [M]. 北京：化学工业出版社，2013.

[5] 陈英旭．环境学 [M]. 北京：中国环境科学出版社，2001.

[6] 成岳，刘媚，乔启成，等．环境科学概论 [M]. 上海：华东理工大学出版社，2012.

[7] 戴树桂．环境化学 [M]. 2 版．北京：高等教育出版社，2006.

[8] 范洪鹏．土壤污染与防治 [J]. 北方环境，2013，29 (3)：63-64.

[9] 范拴喜．土壤重金属污染与控制 [M]. 北京：中国环境科学出版社，2011.

[10] 房存金．土壤中主要重金属污染物的迁移转化及治理 [J]. 当代化工，2010，39 (4)：458-460.

[11] 符裕红．不同岩性土体上土壤养分与广玉兰幼树生长关系的研究 [D]. 贵阳：贵州大学，2007.

[12] 高超．东祁连山不同退化程度高寒草甸草原土壤有机质特性及其对草地生产力的影响 [D]. 兰州：甘肃农业大学，2007.

[13] 耿增超，戴伟．土壤学 [M]. 北京：科学出版社，2011.

[14] 顾连军．铁岭农业区土壤中 DDT 残留模型研究及土壤修复 [D]. 阜新：辽宁工程技术大学，2008.

[15] 顾顺芳．保护性土壤耕作制度对土壤肥力及夏玉米产量的影响 [D]. 洛阳：河南科技大学，2012.

[16] 郭观林，周启星，李秀颖．重金属污染土壤原位化学固定修复研究进展 [J]. 应用生态学报，2005，16 (10)：1990-1996.

[17] 韩宝平，王子波．环境科学基础 [M]. 北京：高等教育出版社，2013.

[18] 洪坚平．土壤污染与防治 [M]. 2 版．北京：中国农业出版社，2005.

[19] 黄昌勇，徐建明．土壤学 [M]. 3 版．北京：中国农业出版社，2010.

[20] 黄智伟．厦门市翔安区农田土壤和农作物的重金属化学行为及其影响因素的研究 [D]. 厦门：厦门大学，2007.

[21] 贾建丽，于妍，王晨．环境土壤学 [M]. 北京：化学工业出版社，2012.

[22] 姜伟．重庆主城降尘中六种金属及其化学形态研究 [D]. 重庆：西南大学，2008.

[23] 蒋建国．固体废物处置与资源化 [M]. 2 版．北京：化学工业出版社，2013.

[24] 降光宇．磷矿粉修复矿区复合重金属污染土壤的效应研究 [D]．北京：中国地质大学（北京），2012.
[25] 金绍强．毒死蜱、联苯菊酯在土壤中的消解及对白蚁防治持效性研究 [D]．杭州：浙江大学，2008.
[26] 李法云，曲向荣，吴龙华，等．污染土壤生物修复理论基础与技术 [M]．北京：化学工业出版社，2006.
[27] 李佳华，林仁漳，王世和，等．改良剂对土壤-芦蒿系统中镉行为的影响 [J]．环境化学，2009，28（3）：350-354.
[28] 林大仪，谢英荷．土壤学 [M]．2版．北京：中国林业出版社，2011.
[29] 林凯．严重汞污染土壤汞的淋溶特征及其淋洗修复研究：以贵州清镇地区重汞污染土壤为例 [D]．贵阳：贵州大学，2009.
[30] 刘贝贝．重金属对水稻土中异化铁还原的影响 [D]．咸阳：西北农林科技大学，2006.
[31] 刘晓艳，张新颖，程金平．土壤中石油类污染物的迁移与修复治理技术 [M]．上海：上海交通大学出版社，2014.
[32] 楼飞永．矿渣、粉煤灰用于土壤聚合物固化重金属的技术研究 [D]．杭州：浙江工业大学，2006.
[33] 陆欣，谢英荷．土壤肥料学 [M]．2版．北京：中国农业大学出版社，2011.
[34] 吕笑非．PAHs污染土壤修复植物的筛选及其根际微生态特征研究 [D]．杭州：浙江大学，2010.
[35] 齐亚超，张承东，王贺，等．黑碳对土壤和沉积物中菲的吸附解吸行为及生物可利用性的影响 [J]．环境化学，2010，29（5）：848-855.
[36] 秦淑平．不同利用方式下黄泥土中腐殖物质的组成、结构特征及其对有机污染物的吸附行为 [D]．南京：南京农业大学，2005.
[37] 苏勇功．兰州市蔬菜主要产地耕层土壤中重金属含量的调查 [D]．兰州：甘肃农业大学，2005.
[38] 粟银．硫酸锰渣污染土壤中重金属研究 [D]．长沙：湖南大学，2008.
[39] 孙红文，张彦峰，张闻．生物炭与环境 [M]．北京：化学工业出版社，2013.
[40] 孙铁珩，李培军，周启星．土壤污染形成机理与修复技术 [M]．北京：科学出版社，2005.
[41] 王红旗，刘新会，李国学．土壤环境学 [M]．北京：高等教育出版社，2007.
[42] 王济．贵阳市表层土壤重金属污染元素环境地球化学基线研究 [D]．北京：中国科学院，2004.
[43] 吴瑞娟，金卫根，邱峰芳．土壤重金属污染的生物修复 [J]．安徽农业科学，2008，36（7）：2916-2918.
[44] 吴文铸．水溶性有机物对土壤中多环芳烃（菲）环境行为及植物吸收的影响 [D]．南京：南京农业大学，2007.
[45] 吴香尧．耕地土壤污染与修复 [M]．成都：西南财经大学出版社，2013.
[46] 武秀琦．西北黄土地区石油污染土壤生物修复影响因素研究 [D]．西安：西安建筑科技大学，2007.
[47] 周东美，郝秀珍，薛艳，等．污染土壤的修复技术研究进展 [J]．生态环境，2004，13（2）：234-242.
[48] 周敏，王安群．土壤的重金属污染危害及防治措施 [J]．科技信息（学术版），2006（4）：120-121.
[49] 周启星，宋玉芳．污染土壤修复原理与方法 [M]．北京：科学出版社，2004.
[50] 周尊隆，卢媛，孙红文．菲在不同性质黑炭上的吸附动力学和等温线研究 [J]．农业环境科学学报，2010，29（3）：476-480.
[51] 朱渝芬．毛竹林水文生态功能及其土壤肥力变化研究 [D]．南京：南京林业大学，2007.

第 7 章 智能化土壤污染治理与修复

7.1 土壤修复概述

7.1.1 土壤修复的意义与重要性

7.1.1.1 土壤修复的定义

土壤修复是指采用物理、化学、生物等技术手段，对受污染或退化土壤进行治理和改良，使其恢复到适宜植物生长的状态。土壤作为农业生产的基础资源，其质量直接关系到农产品的产量和品质。

7.1.1.2 土壤修复的意义

（1）保障粮食安全

土壤污染会导致农产品质量下降，影响粮食安全。通过土壤修复，可以提高土壤质量，保障粮食安全。

（2）保护生态环境

土壤污染会影响生态环境，导致土壤盐碱化、荒漠化等问题。土壤修复有助于恢复土壤生态功能，保护生态环境。

（3）促进农业可持续发展

土壤修复可以提高土壤肥力，减少化肥和农药使用，降低农业面源污染，促进农业可持续发展。

7.1.1.3 土壤修复的重要性

（1）提高农业经济效益

土壤修复有助于提高土壤质量，增加农作物产量，提高农业经济效益。

（2）保障人体健康

土壤污染会导致重金属、有机污染物等有害物质进入食物链，影响人体健康。土壤修复有助于减少这些有害物质的摄入。

（3）维护国家粮食安全

我国是一个人口大国，粮食安全至关重要。土壤修复有助于保障国家粮食安全，维护社会稳定。

7.1.2 土壤修复技术的发展趋势

7.1.2.1 物理修复技术

物理修复技术主要包括土壤深耕、客土置换等。未来发展趋势是开发高效、低成本的物理修复技术，提高土壤修复效率。

7.1.2.2 **化学修复技术**

化学修复技术主要包括土壤稳定化、土壤钝化等。发展趋势是研发新型、环保的化学修复材料，降低修复过程中的二次污染。

7.1.2.3 **生物修复技术**

生物修复技术主要包括微生物修复、植物修复等。其发展趋势是深入研究微生物、植物与土壤的相互作用机制，开发高效、可持续的生物修复技术。

7.1.2.4 **综合修复技术**

综合修复技术是将多种修复技术相结合，以提高修复效果、降低成本。未来发展趋势是优化综合修复技术体系，实现土壤修复绿色、高效、可持续的目标。

7.2 土壤污染现状与评估

7.2.1 土壤污染类型及来源

土壤污染是指人类活动或自然因素导致土壤中某些化学物质含量超过正常水平，影响土壤质量和生态环境的现象。土壤污染主要包括以下几类：

① 重金属污染　重金属如铅、镉、汞等，可通过大气沉降、污水排放、农药使用等途径进入土壤。

② 有机污染物污染　有机污染物如农药、塑料、石油等，可通过农药使用、工业排放、生活污水等途径进入土壤。

③ 放射性污染　放射性物质如铀、钴、镭等，可通过核设施泄漏、核试验、放射性废物处理等途径进入土壤。

④ 营养物质污染　过量的氮、磷等营养物质，可通过农业生产、生活污水排放等途径进入土壤。

土壤污染来源主要包括以下几个方面：

① 工业排放　工业生产过程中产生的废气、废水、固体废物等，可直接或间接污染土壤。

② 农业活动　农业生产过程中使用的化肥、农药、农膜等，可导致土壤污染。

③ 生活污水排放　生活污水中含有大量有机物、重金属等污染物，可通过排放途径进入土壤。

④ 大气沉降　大气中的污染物可通过降水、扬尘等途径进入土壤。

7.2.2 土壤污染程度评估方法与指标

土壤污染程度评估是对土壤中污染物含量、分布、迁移和转化等特征进行定量或定性的描述，以判断土壤污染程度。常用的土壤污染程度评估方法有以下几种：

① 单因子指数法　将土壤中某种污染物的浓度与土壤环境质量标准进行比较，计算污染指数，评估土壤污染程度。

② 内梅罗指数法　综合考虑土壤中多种污染物的浓度、毒性及土壤环境质量标准，

计算污染指数，评估土壤污染程度。

③ 污染负荷指数法　根据土壤中污染物的浓度、分布面积、迁移能力等因素，计算污染负荷指数，评估土壤污染程度。

④ 潜在生态风险指数法　根据土壤中污染物的浓度、毒性、生物累积性等因素，计算潜在生态风险指数，评估土壤污染程度。

土壤污染评估是对土壤环境质量进行科学评价的过程，旨在确定土壤是否受到污染以及污染程度。土壤污染评估的核心内容与关键手段主要包括化学分析、生物测试、风险评估等。

化学分析是土壤污染评估的基础方法，通过测定土壤中污染物的浓度，评价土壤污染物是否超标。常用的化学指标包括重金属浓度、有机污染物浓度、营养物质浓度等。

生物测试是评估土壤污染的生物效应，通过分析土壤中生物群落结构和功能的变化，评价土壤污染程度。常用的生物指标包括微生物多样性指数、土壤酶活性、植物生长指标等。

风险评估是根据土壤污染物的迁移性和毒性，预测污染物对人体健康和生态环境的影响，从而评估土壤污染风险。常用的风险评估指标包括暴露浓度、暴露途径、受体敏感性等。

7.2.3 土壤修复目标与标准

土壤修复目标是针对不同类型的土壤污染，采取相应的修复措施，使土壤质量达到安全、健康水平。土壤修复标准主要包括以下几方面：

① 重金属污染修复标准　根据土壤中重金属的浓度、毒性、迁移性等因素，制定相应的修复标准。

② 有机污染物污染修复标准　根据土壤中有机污染物的浓度、毒性、生物降解性等因素，制定相应的修复标准。

③ 放射性污染修复标准　根据土壤中放射性物质的浓度、毒性、迁移性等因素，制定相应的修复标准。

④ 营养物质污染修复标准　根据土壤中营养物质的浓度、毒性、迁移性等因素，制定相应的修复标准。

土壤修复标准还应考虑土壤类型、地理位置、生态环境、社会经济发展等因素，保证修复效果与当地实际情况相符合。

7.2.4 智能化土壤污染评估技术的应用

智能化土壤污染评估技术是将现代信息技术与土壤污染评估相结合，以提高评估的效率、准确性和可靠性。以下为智能化土壤污染评估技术在评估过程中的应用。

(1) 数据采集与处理

通过无人机、卫星遥感、地面传感器等设备，实时采集土壤、植被、气象等多源数据，运用大数据分析技术，进行数据预处理、整合和挖掘。

(2) 模型构建与应用

根据土壤污染评估指标，运用机器学习、深度学习等算法，构建智能化评估模型，实现对土壤污染程度的自动识别和评价。

(3) 可视化展示

利用地理信息系统(GIS)和虚拟现实(VR)技术，将评估结果以地图、图表等形式直观展示，便于部门、企业和公众了解土壤污染状况。

(4) 动态监测与预警

结合物联网技术，实现土壤污染的实时监测，发现污染风险时及时发出预警，为土壤污染治理提供科学依据。

7.2.5 智能化土壤污染评估软件的选择

在选择智能化土壤污染评估软件时，需考虑以下因素：

① 功能完善　软件应具备数据采集、处理、分析、可视化展示等功能，满足土壤污染评估的需求。

② 易用性　软件界面设计应简洁明了，操作简便，便于用户快速上手。

③ 兼容性　软件应支持多种数据格式，与其他软件具有良好的兼容性。

④ 扩展性　软件应具备二次开发能力，可根据实际需求进行功能定制和扩展。

⑤ 技术支持　选择由具有专业团队提供技术支持和售后服务的软件，保证评估过程顺利进行。

根据以上因素，可结合实际需求选择合适的智能化土壤污染评估软件，为土壤污染治理与修复提供有力支持。

7.3 智能化土壤监测技术

7.3.1 土壤污染监测技术的现状

土壤污染监测技术在我国已经取得了显著的进展。目前常用的土壤污染监测技术包括化学分析、生物监测、物理检测等方法。化学分析技术主要通过实验室分析对土壤中的重金属、有机污染物等成分进行分析，以判断土壤污染程度；生物监测技术则通过检测土壤中微生物、植物等生物指标，反映土壤污染状况；物理检测技术主要通过测量土壤的物理性质，如电导率、磁化率等，来评估土壤污染程度。

但是现有的土壤污染监测技术存在一定的局限性：实验室分析成本较高，周期较长，不适合大范围、实时监测；生物监测技术受土壤环境条件影响较大，准确性有待提高；物理检测技术对设备要求较高，操作复杂，限制了其在实际应用中的推广。

7.3.2 智能化土壤污染监测技术的应用

智能化土壤污染监测技术是近年来发展起来的一种新型监测方法，它将物联网、大数据、云计算等信息技术与土壤污染监测相结合，实现了土壤污染监测的自动化、远程化和智能化。

智能化土壤污染监测技术的应用主要体现在以下几个方面：

① 实时监测　通过安装传感器，实时监测并分析土壤中重金属含量、有机污染物浓度等指标。

② 数据传输　利用物联网技术，将监测数据实时传输至数据处理中心，便于分析和管理。

③ 智能分析　通过云计算和大数据技术，对监测数据进行智能分析，为土壤污染治理提供科学依据。

④ 预警系统　根据土壤污染程度和趋势，建立预警系统，及时发现和处理土壤污染问题。

7.3.3 智能化土壤污染监测设备的选择

在选择智能化土壤污染监测设备时，需要考虑以下几个因素：

① 监测指标　根据土壤污染的特点，选择能够监测重金属浓度、有机污染物浓度等关键指标的设备。

② 精度和稳定性　设备应具有高精度和良好的稳定性，以保证监测数据的准确性。

③ 远程传输能力　设备应具备远程数据传输功能，以便于实时监测和分析。

④ 兼容性和扩展性　设备应能够与现有监测系统兼容，并具备扩展功能，以满足未来监测需求。

⑤ 成本效益　在满足监测需求的前提下，选择成本效益较高的设备，以降低整体监测成本。

通过综合考虑以上因素，选择合适的智能化土壤污染监测设备，为我国土壤污染治理提供有力支持。

7.3.4 土壤成分检测技术

土壤成分检测技术是智能化农业生产中土壤修复工作的基础。该技术主要包括对土壤中有机质、氮、磷、钾等营养成分以及微量元素的检测。通过采用高精度传感器和光谱分析技术，可以实现对土壤成分的快速、准确检测。

在高精度传感器方面，电化学传感器、离子传感器和生物传感器等被广泛应用于土壤成分检测。这些传感器具有灵敏度高、响应速度快、抗干扰能力强等优点。光谱分析技术主要包括可见光近红外光谱技术、拉曼光谱技术等，这些技术能够实现对土壤中有机质、氮、磷、钾等营养成分的快速、无损检测。

7.3.5 土壤污染程度检测技术

土壤污染程度检测技术是智能化农业生产中土壤修复工作的关键。该技术主要针对土壤中的重金属、有机污染物、病原体等污染物进行检测。通过采用快速检测方法，可以为土壤修复提供准确的数据支持。

目前土壤污染程度检测技术主要包括原子吸收光谱法、原子荧光光谱法、电感耦合等离子体质谱法、高效液相色谱法等。这些方法具有较高的灵敏度和准确度，能够满足土壤污染程度检测的需求。生物检测技术如生物传感器、生物指示物等也逐渐应用于土壤污染程度检测，这些方法具有简便、快速、成本低等优点。

7.3.6 土壤修复效果检测技术

土壤修复效果检测技术是评价土壤修复措施实施效果的重要手段。该技术主要针对土壤修复过程中的土壤成分、污染程度、生态环境影响等方面进行检测。

目前，土壤修复效果检测技术主要包括土壤成分检测技术、土壤污染程度检测技术以及生态环境监测技术。其中，土壤成分检测技术用于评价土壤修复过程中营养成分的变化，土壤污染程度检测技术用于评价土壤修复过程中污染物的去除效果，生态环境监测技术则关注土壤修复对周边生态环境的影响。

在智能化农业生产中，可以通过构建土壤修复效果评价模型，结合多种检测技术，对土壤修复效果进行综合评价。这有助于优化土壤修复方案，提高土壤质量，保障农业生产的可持续发展。

7.3.7 土壤特性分析技术

7.3.7.1 土壤物理性质分析

土壤物理性质是指土壤的固态、液态和气态三相比例及相互作用的性质，主要包括土壤质地、土壤结构、土壤容重、土壤孔隙度等。

（1）土壤质地分析

土壤质地是指土壤中不同粒径颗粒的组成及分布情况。它是决定土壤肥力、保水保肥功能和作物生长状况的重要因素。通过对土壤质地进行分析，可以了解土壤的颗粒组成、质地类别以及相应的肥力状况。

（2）土壤结构分析

土壤结构是指土壤颗粒之间的排列和连接方式。良好的土壤结构有利于作物根系生长、水分保持和气体交换。分析土壤结构，可以评估土壤的通气性、透水性和保水保肥能力。

（3）土壤容重分析

土壤容重是指单位体积土壤的干重。它反映土壤的紧密程度和孔隙度，对作物生长和土壤肥力具有重要影响。通过土壤容重分析，可以判断土壤的紧实程度、孔隙度和通气性。

（4）土壤孔隙度分析

土壤孔隙度是指土壤中孔隙的体积与总体积之比。它反映土壤的通气性和透水性。分析土壤孔隙度，可以了解土壤的水分保持能力和根系生长空间。

7.3.7.2 土壤化学性质分析

土壤化学性质是指土壤中化学成分及其相互作用所表现出来的性质。主要包括土壤pH值、土壤有机质、土壤养分、土壤重金属等。

（1）土壤pH值分析

土壤pH值是衡量土壤酸碱程度的指标。不同作物对土壤pH值的要求不同。分析土壤pH值，可以了解土壤的酸碱状况，为合理调整土壤酸碱度提供依据。

（2）土壤有机质分析

土壤有机质是土壤的重要组成部分，它对土壤肥力、水分保持和微生物活性具有重要影响。分析土壤有机质，可以了解土壤的肥力状况和微生物活性。

（3）土壤养分分析

土壤养分是指土壤中可供作物吸收利用的营养元素。分析土壤养分，可以了解土壤中营养元素的丰缺状况，为合理施肥提供依据。

（4）土壤重金属分析

土壤重金属是指土壤中含量较高的重金属元素。重金属污染会影响土壤质量和作物生长。分析土壤重金属可以了解土壤污染状况，为防治土壤重金属污染提供依据。

7.3.7.3 土壤生物性质分析

土壤生物性质是指土壤中生物的活动及其对土壤性质的影响。主要包括土壤微生物、土壤动物和土壤酶活性等。

（1）土壤微生物分析

土壤微生物是土壤生态系统的重要组成部分，它们参与土壤有机质的分解、养分循环和土壤结构的形成。分析土壤微生物，可以了解土壤的生物活性。

（2）土壤动物分析

土壤动物是土壤生态系统中的消费者和分解者，它们对土壤有机质的分解和养分循环具有重要作用。分析土壤动物，可以了解土壤的生物多样性和生态平衡状态。

（3）土壤酶活性分析

土壤酶活性是土壤生物性质的重要指标，反映土壤中生物化学过程的强度。分析土壤酶活性，可以了解土壤的生物活性及其对土壤肥力的影响。

7.3.8 环境因素监测与调控

7.3.8.1 环境因素监测技术

环境因素监测技术是智能化土壤监测与作物生长管理系统的重要组成部分。该技术主要包括对土壤温度、湿度、pH 值、电导率等指标的实时监测，以及对光照、温度、湿度等气候因素的监测。

土壤环境监测技术采用传感器进行数据采集，通过无线传输技术将数据传输至监测平台。传感器包括温度传感器、湿度传感器、pH 值传感器和电导率传感器等。这些传感器具有高精度、高稳定性、低功耗等特点，能够实现对土壤环境的实时监测。

气候环境监测技术主要采用气象站、光照传感器和风速传感器等设备。气象站能够实时监测气温、湿度、风速等气象数据，为作物生长提供气象信息支持。光照传感器用于监测光照强度，为作物光合作用提供依据。风速传感器则用于监测风速，以防止作物受到强风损害。

7.3.8.2 环境因素调控策略

环境因素调控策略是根据监测到的土壤和气候环境数据，通过智能决策系统对环境因素进行优化调控，从而促进作物生长、提高产量的策略。

调控策略主要包括以下几个方面：

① 土壤环境调控　根据土壤温度、湿度、pH 值和电导率等指标，调整灌溉、施肥等农业措施，使土壤环境处于适宜作物生长的状态。

② 气候环境调控　根据气象数据和光照强度，调整温室内的温度、湿度和光照等条件，为作物生长提供最佳环境。

③ 病虫害防治　根据环境数据和作物生长状况，预测病虫害的发生，及时采取防治措施，降低病虫害对作物生长的影响。

7.3.8.3 调控设备选型与应用

调控设备的选型与应用是实现环境因素调控的关键。以下介绍几种常见的调控设备：

① 灌溉设备　根据土壤湿度监测数据，选择合适的灌溉设备，如滴灌系统、喷灌系统等，实现精准灌溉。

② 施肥设备　根据土壤养分监测数据，选择合适的施肥设备，如施肥泵、施肥机等，实现精准施肥。

③ 温室环境调控设备　包括温室加热系统、湿帘风机系统、遮阳系统等，用于调节温室内的温度、湿度和光照等条件。

④ 病虫害防治设备　如喷雾器、熏蒸机等，用于实施病虫害防治措施。

在实际应用中，应根据作物种类、生长周期和环境条件等因素，合理选择和配置调控设备，以实现智能化土壤监测与作物生长管理系统的最佳效果。

7.4 智能化土壤污染修复技术

7.4.1 土壤污染修复技术的分类

土壤污染修复技术主要包括物理、化学和生物修复方法三大类。

7.4.1.1 物理修复方法

物理修复方法主要包括土壤深耕、客土置换、土壤隔离等手段。

(1) 土壤深耕

土壤深耕是通过机械设备对土壤进行深层次翻耕，使土壤松动，增加土壤孔隙度，从而有助于土壤中有害物质的降解。深耕还能促进土壤微生物的活动，加速有机质的分解。

(2) 客土置换

客土置换是将受污染的土壤挖掘出来，用清洁土壤进行替换。这种方法适用于污染程度较轻的土壤，可以迅速降低土壤污染风险。但需要注意的是，客土置换过程中要保证所用土壤的质量，避免引入新的污染物。

(3) 土壤隔离

土壤隔离是通过设置物理隔离层，阻止污染物向下迁移，从而保护地下水不受污染。常用的隔离材料有土工布、塑料薄膜等。土壤隔离法适用于污染程度较重的土壤，但成本较高，施工难度较大。

7.4.1.2 化学修复方法

化学修复方法主要包括土壤稳定化、土壤淋洗、土壤调理等手段。这些方法通过改变土壤的化学性质，降低污染物在土壤中的迁移性和生物有效性，从而达到减轻土壤污染的目的。

(1) 土壤稳定化

土壤稳定化是通过向土壤中加入稳定剂，使污染物与稳定剂发生化学反应，形成稳定的固体产物，降低污染物在土壤中的迁移性。常用的稳定剂有石灰、磷肥等。

(2) 土壤淋洗

土壤淋洗是通过向土壤中注入清水或含有特定化学物质的溶液，将土壤中的污染物溶解并冲洗出来。这种方法适用于土壤中重金属、有机污染物等的去除。

（3）土壤调理

土壤调理是通过向土壤中添加有机物料、微生物制剂等，改善土壤结构，增强土壤的缓冲功能，降低污染物在土壤中的迁移性。常用的土壤调理剂有生物炭、有机肥料等。

7.4.1.3　生物修复方法

生物修复方法是指利用生物体及其代谢产物降解、转化、固定土壤中的污染物，从而减轻土壤污染的方法。生物修复方法包括植物修复、微生物修复和动物修复等。

（1）植物修复

植物修复是利用植物（尤其是根系）对土壤中的污染物进行吸收、转化、降解的过程。植物修复具有成本低、无二次污染等优点，但其修复周期较长。常用的植物有超富集植物、转基因植物等。

（2）微生物修复

微生物修复是利用微生物对土壤中的污染物进行降解、转化、固定的过程。微生物修复具有繁殖快、适应性强等优点，但修复效果受土壤环境条件影响较大。常用的微生物修复技术有生物酶法、生物堆肥法等。

（3）动物修复

动物修复是利用土壤动物对土壤中的污染物进行降解、转化、固定的过程。动物修复具有繁殖快、适应性强等优点，但修复效果受动物种类、数量等因素影响。常用的动物修复技术有蚯蚓处理、昆虫处理等。

7.4.2　智能化土壤污染治理与修复的定义

智能化土壤污染治理与修复，是指在土壤污染治理与修复过程中，运用现代信息技术、自动化控制技术、网络通信技术等，实现对土壤污染的快速检测、精确诊断、智能决策和自动化修复。该技术以提高土壤环境质量、保障粮食安全和人体健康为目标，通过智能化手段，实现土壤污染的源头控制、过程监管和末端治理。

7.4.3　智能化土壤污染治理与修复的技术原理

智能化土壤污染治理与修复技术的原理主要包括以下几个方面：

① 快速检测　采用高精度传感器、光谱分析等技术，对土壤中的污染物进行实时、快速检测，为后续治理提供数据支持。

② 精确诊断　根据检测结果，运用大数据分析、人工智能等技术，对土壤污染状况进行精确诊断，确定污染类型、程度和范围。

③ 智能决策　基于精确诊断结果，结合土壤特性、环境条件等因素，通过专家系统、机器学习等技术，制定科学合理的治理与修复方案。

④ 自动化修复　利用自动化控制技术、设备等，实现土壤污染治理与修复过程的自动化执行，提高治理效率。

7.4.4　智能化土壤污染治理与修复的优势

智能化土壤污染治理与修复具有以下优势：

① 高效性　通过智能化手段，实现对土壤污染的快速检测、精确诊断和自动化修复，提高治理效率。

② 准确性　运用大数据分析、人工智能等技术，保证治理与修复方案的准确性，避免盲目治理。

③ 经济性　智能化土壤污染治理与修复技术降低了人力成本，减少了治理过程中的资源浪费，具有较高的经济效益。

④ 可持续性　智能化技术有助于实现对土壤污染的源头控制，降低污染风险，保障土壤资源的可持续利用。

⑤ 安全性　通过智能化手段，可提高治理与修复过程的安全性，减少对操作人员和周边环境的影响。

7.4.5 智能化土壤污染修复技术的应用

随着科技的发展，智能化土壤污染修复技术在土壤修复领域得到了广泛应用。以下是几种典型的智能化土壤污染修复技术：

① 无人机监测技术　无人机可搭载高精度传感器，对土壤污染程度进行快速、准确的监测，为修复工作提供数据支持。

② 智能土壤修复技术　具备自主导航、土壤采样、修复药剂喷洒等功能，可提高修复效率，降低人力成本。

③ 大数据分析技术　通过收集土壤污染数据、修复过程数据等，运用大数据分析技术，为修复方案优化提供依据。

④ 物联网技术　利用物联网技术实现对土壤修复设备、监测设备的远程监控，提高修复过程的实时性和可控性。

7.4.6 智能化土壤修复设备的操作与维护

为保证智能化土壤修复设备的正常运行，应注意以下操作与维护要点：

① 操作人员需接受专业培训，熟悉设备功能、操作方法和维护要求。

② 设备使用前，需进行详细检查，保证设备完好无损。

③ 按照操作规程进行设备操作，避免因操作失误导致设备损坏。

④ 定期对设备进行维护保养，包括清洁、润滑、紧固等。

⑤ 发现设备故障，及时排除，保证修复工作不受影响。

⑥ 建立设备档案，记录设备使用、维修、保养等情况，以便于设备管理和故障排查。

通过以上措施，我国智能化土壤污染修复技术将在土壤污染治理与修复领域发挥重要作用，为我国土壤环境保护贡献力量。

7.5 智能化土壤改良技术

7.5.1 土壤施肥智能化技术

随着智能化技术的发展，土壤施肥环节的智能化水平也在不断提升。本小节主要阐述智能化土壤施肥技术的原理、实施方法及在农业生产中的应用。

7.5.1.1 原理和实施方法

智能化土壤施肥技术基于土壤养分、作物需肥规律和气象条件等因素，运用现代信息技术、自动控制技术和物联网技术，实现对土壤施肥过程的智能化管理。以下是施肥策略制定的主要步骤：

① 土壤肥力监测 通过土壤传感器实时监测土壤中的氮、磷、钾等元素含量，为制定施肥策略提供基础数据。

② 作物需肥特性分析 根据作物品种、生长阶段和目标产量，确定作物对氮、磷、钾等元素的需求量。

③ 气候条件考虑 根据当地气候特点，分析不同季节作物对养分的需求变化，调整施肥策略。

④ 施肥时间与次数 根据作物生长周期和土壤肥力状况，确定施肥时间和次数，保证作物在不同生长阶段得到充足的养分供应。

⑤ 肥料种类与配比 选择合适的肥料品种，确定氮、磷、钾等元素的配比，以满足作物对养分的均衡需求。

7.5.1.2 施肥设备选型与应用

智能化土壤施肥技术在农业生产中的应用，可提高肥料利用率，减少化肥用量，减轻环境污染，促进作物生长。施肥设备的选型与应用是智能化施肥系统的核心部分。以下为施肥设备选型与应用的要点：

① 施肥设备选型 根据施肥策略和作物需肥特点，选择合适的施肥设备。目前常用的施肥设备有滴灌施肥系统、喷灌施肥系统、施肥机等。

② 设备功能要求 施肥设备应具备自动控制、精准施肥、故障诊断等功能，以满足智能化施肥需求。

③ 设备安装与调试 施肥设备安装后，需进行调试，保证设备运行稳定、施肥准确。

④ 设备维护与管理 定期对施肥设备进行维护和保养，保证设备正常运行，延长使用寿命。

7.5.1.3 施肥控制系统设计

施肥控制系统是智能化施肥系统的核心组成部分，其主要功能是实现施肥过程的自动化、智能化。以下为施肥控制系统设计的关键环节：

① 硬件设计 施肥控制系统硬件主要包括传感器、执行器、数据采集卡、通信模块等。硬件设计需考虑系统的稳定性和可扩展性。

② 软件设计 施肥控制系统软件主要包括数据采集、数据处理、施肥策略制定、设备控制等功能模块。软件设计应注重模块化、易用性和可维护性。

③ 通信设计 施肥控制系统需与上位机、土壤传感器等设备进行通信，设计时应考虑通信协议、通信速率、抗干扰能力等因素。

④ 控制策略设计 根据施肥策略和土壤肥力监测数据，设计施肥控制算法，实现精准施肥。

⑤ 系统集成与测试 将施肥控制系统与施肥设备、土壤传感器等集成，进行系统功能测试，保证系统稳定可靠。

通过以上设计，施肥系统能够根据土壤肥力、作物需肥特性和气候条件，实现智能化、自动化的施肥过程，为作物生长提供优质的养分供应。

7.5.2　土壤调理剂智能化应用

土壤调理剂是一种改善土壤物理、化学和生物性质，提高土壤肥力的产品。本小节主要介绍土壤调理剂的智能化应用。

7.5.2.1　智能化土壤调理剂选用

根据土壤类型、作物需求和土壤调理剂特性，运用现代信息技术，智能选择合适的土壤调理剂。

7.5.2.2　智能化施用技术

采用智能化施用设备，实现土壤调理剂的精准施用，提高施用效果。

7.5.2.3　效果监测与评价

通过物联网技术，实时监测土壤调理剂施用效果，评价土壤改良效果，为农业生产提供依据。

7.5.3　土壤改良效果监测与调控

土壤改良效果监测与调控是保证土壤改良措施有效实施的重要环节。本小节主要阐述土壤改良效果监测与调控的方法和技术。

7.5.3.1　监测方法

（1）土壤物理性质监测

包括土壤容重、孔隙度、水分等指标的监测。

（2）土壤化学性质监测

包括土壤 pH 值，有机质含量，氮、磷、钾等养分的监测。

（3）土壤生物性质监测

包括土壤微生物数量、土壤酶活性等指标的监测。

7.5.3.2　调控技术

（1）土壤施肥调控

根据土壤养分状况和作物需求，调整施肥方案。

（2）土壤水分调控

采用灌溉、排水等措施，保持土壤水分适宜。

（3）土壤调理剂施用调控

根据土壤改良效果和作物生长需求，调整土壤调理剂的施用种类和施用量。

7.5.3.3　实施策略

（1）数据采集与分析

通过物联网技术，实时采集土壤改良效果数据，进行分析。

（2）智能化决策

根据土壤改良效果和作物生长需求，制定智能化调控策略。

（3）动态调整

根据土壤改良效果监测数据，动态调整土壤改良措施。

通过以上方法和技术，可实现对土壤改良效果的实时监测与调控，为农业生产提供科学依据。

7.5.4 智能化灌溉技术

7.5.4.1 灌溉策略制定

智能化灌溉系统的核心在于灌溉策略的制定。系统需根据土壤类型、作物种类、气候条件等因素建立灌溉模型。该模型应具备自我学习和调整的能力，以适应不断变化的农田环境。灌溉策略需考虑作物生长周期，制订不同阶段的灌溉计划。结合土壤水分传感器和作物生长状况监测数据，系统可实时调整灌溉策略，保证灌溉的准确性和高效性。

7.5.4.2 灌溉设备选型与应用

灌溉设备的选型是智能化灌溉系统实施的关键环节。根据灌溉策略和农田实际情况，选择合适的灌溉设备。常见的灌溉设备包括滴灌系统、喷灌系统、微灌系统等。滴灌系统具有节水、节肥、抑制杂草生长等优点，适用于蔬菜、水果等高价值作物；喷灌系统则适用于大面积作物，如小麦、玉米等。还需考虑灌溉设备的智能化程度，如是否支持远程控制、数据传输等功能。

7.5.4.3 灌溉控制系统设计

灌溉控制系统的设计是实现智能化灌溉的核心。系统应具备以下功能：

① 数据采集　通过土壤水分传感器、气象站等设备，实时采集农田土壤水分、气候等信息。

② 数据处理　对采集到的数据进行处理，分析土壤水分状况和作物生长需求，为灌溉决策提供依据。

③ 灌溉决策　根据数据处理结果，制定灌溉策略，实现自动化灌溉。

④ 执行指令　将灌溉决策转化为控制信号，驱动灌溉设备进行灌溉。

⑤ 反馈调整　实时监测灌溉效果，根据实际情况调整灌溉策略，保证灌溉的准确性和高效性。

⑥ 远程监控　支持远程查看农田灌溉状况，便于管理人员及时了解灌溉情况并进行调整。

灌溉控制系统的设计需考虑系统的稳定性、可靠性、易用性等因素，以满足实际应用需求。同时系统应具备良好的扩展性，便于后期升级和功能拓展。

7.6 智能化病虫害监测与防治

7.6.1 病虫害监测技术

7.6.1.1 概述

随着智能化土壤监测与作物生长管理系统的不断发展，病虫害监测技术已成为农业信息化的重要组成部分。病虫害监测技术旨在实时掌握作物病虫害发生动态，为防治工作提供科学依据。

7.6.1.2 监测方法

（1）光学识别技术

通过高分辨率摄像头捕捉作物叶片图像，利用图像处理技术分析病虫害特征，实现对病虫害的自动识别。

（2）振动传感技术

利用振动传感器监测植物受到病虫害侵害时产生的振动信号，从而判断病虫害的发生情况。

（3）气象因子监测

通过气象站实时监测气温、湿度、光照等气象因子，分析病虫害的发生与气象条件的关系。

（4）生物信息学方法

基于生物信息学原理，对病虫害发生规律进行建模分析，为防治工作提供依据。

7.6.1.3 监测系统设计

（1）硬件设计

包括摄像头、振动传感器、气象站等的选型与布置。

（2）软件设计

开发病虫害识别与监测软件，实现实时数据采集、处理、分析与预警。

7.6.2 病虫害防治策略

7.6.2.1 生物防治

（1）天敌昆虫防治

利用天敌昆虫控制害虫数量，如瓢虫、草蛉等。

（2）微生物防治

利用微生物制剂防治病虫害，如真菌、细菌、病毒等。

（3）抗病毒基因工程

通过基因工程技术培育抗病毒的作物品种。

7.6.2.2 化学防治

（1）择优农药

选择对病虫害具有高效、低毒、低残留的农药。

（2）适时施药

根据病虫害发生规律，选择最佳施药时机。

（3）混用农药

合理搭配不同作用机理的农药，提高防治效果。

7.6.2.3 综合防治

（1）农业防治

通过改善栽培管理措施，减少病虫害发生。

（2）物理防治

利用物理方法，如灯光诱杀、色板诱集等，降低害虫数量。

（3）生态防治

调整作物布局，提高生态环境稳定性，减少病虫害发生。

7.6.3 防治设备选型与应用

7.6.3.1 防治设备选型

（1）农药喷洒设备

选择雾化效果好、喷洒均匀的喷头，提高农药利用率。

（2）诱杀害虫设备

选择高效、安全的诱杀害虫设备，如太阳能杀虫灯、色板诱集器等。

（3）监测设备

选择高精度、稳定性好的监测设备。

7.6.3.2　防治设备应用

（1）农药喷洒设备

根据作物病虫害发生规律，适时进行喷洒作业，保证防治效果。

（2）诱杀害虫设备

在害虫发生高峰期，使用诱杀害虫设备，降低害虫数量。

（3）监测设备

实时监测病虫害发生动态，为防治工作提供数据支持。

通过以上措施，病虫害监测与防治工作将更加科学、高效，为我国农业可持续发展提供保障。

7.7　智能化土壤修复设备

7.7.1　土壤修复设备的智能化改造

7.7.1.1　概述

随着科技的不断进步，智能化技术在农业领域得到了广泛应用。土壤修复设备的智能化改造成为农业行业智能化生产的重要组成部分。智能化改造旨在提高土壤修复设备的自动化程度、精确度和效率，以满足农业生产对土壤质量的高标准要求。

7.7.1.2　改造内容

（1）传感器技术的应用

将各类传感器安装在土壤修复设备上，实时监测土壤的各项参数，如温度、湿度、酸碱度等，为设备提供数据支持。

（2）自动控制系统

根据传感器采集的数据，通过自动控制系统实现对土壤修复设备的精确控制，包括施肥、灌溉、翻土等操作。

（3）物联网技术

利用物联网技术将土壤修复设备与云计算、大数据等平台连接，实现设备远程监控、故障诊断和优化运行。

7.7.2　智能化土壤修复设备的应用案例

7.7.2.1　案例一：智能施肥机

智能施肥机可根据土壤养分状况和作物需肥规律，自动调整施肥量和施肥速度，提高肥料利用率，减少环境污染。

7.7.2.2　案例二：智能灌溉系统

智能灌溉系统通过实时监测土壤湿度，自动控制灌溉时间和水量，实现精准灌溉，降低水资源浪费。

7.7.2.3　案例三：智能翻土机

智能翻土机可自动识别土壤类型和质地，调整翻土深度和速度，提高土壤透气性和保水性，促进作物生长。

7.7.3　智能化土壤修复设备的维护与管理

7.7.3.1　维护保养

① 定期检查设备各部件的磨损情况，及时更换磨损严重的部件。

② 保持设备清洁，防止灰尘、油污等影响设备正常运行。

③ 定期对传感器进行校准，保证数据的准确性。

7.7.3.2　管理措施

① 建立健全设备管理制度，明确设备使用、维护、保养等责任。

② 定期对操作人员进行培训，提高其操作技能和安全意识。

③ 加强对设备运行数据的监测和分析，及时发现并处理设备故障。

④ 加强物联网平台的管理，保证设备远程监控和数据传输的稳定性。

7.8　智能化土壤污染修复案例分析

7.8.1　案例一：某工业污染场地智能化修复

某工业污染场地位于我国某城市郊区，因历史原因，场地内土壤受到重金属污染，严重威胁周边环境和人体健康。为解决这一问题，项目采用智能化土壤污染治理与修复技术。

（1）污染场地调查与评估

通过无人机航拍、土壤采样与分析等技术，对污染场地进行详细调查，确定污染区域、污染程度及污染物种类。

（2）修复技术选择

根据污染场地特点，选用生物修复、物理修复和化学修复相结合的技术方案。

（3）智能化修复过程

利用物联网技术、大数据分析等手段，实时监测修复过程，调整修复参数，保证修复效果。

（4）修复效果评估

修复工程完成后，对土壤质量进行检测，重金属含量降低至国家标准范围内，污染场地得到有效修复。

7.8.2　案例二：某农业污染土壤智能化治理

某农业污染土壤位于我国某粮食主产区，因长期使用农药、化肥等农业投入品，导致土壤污染严重，影响粮食质量和农业生态环境。项目采用智能化土壤污染治理与修复技术进行治理。

(1) 污染土壤调查与评估

通过无人机航拍、土壤采样与分析等技术，对污染土壤进行详细调查，确定污染区域、污染程度及污染物种类。

(2) 治理技术选择

根据污染土壤特点，选用生物治理、物理治理和化学治理相结合的技术方案。

(3) 智能化治理过程

利用物联网技术、大数据分析等手段，实时监测治理过程，调整治理参数，保证治理效果。

(4) 治理效果评估

治理工程完成后，对土壤质量进行检测，污染物含量降低至国家标准范围内，农业生态环境得到改善。

7.8.3 案例三：某城市棕色地块智能化修复

某城市棕色地块位于城市中心区域，原为工业用地，因环境污染严重，影响城市形象和居民生活质量。项目采用智能化土壤污染治理与修复技术进行修复。

(1) 污染地块调查与评估

通过无人机航拍、土壤采样与分析等技术，对污染地块进行详细调查，确定污染区域、污染程度及污染物种类。

(2) 修复技术选择

根据污染地块特点，选用生物修复、物理修复和化学修复相结合的技术方案。

(3) 智能化修复过程

利用物联网技术、大数据分析等手段，实时监测修复过程，调整修复参数，保证修复效果。

(4) 修复效果评估

修复工程完成后，对土壤质量进行检测，污染物含量降低至国家标准范围内，城市棕色地块得到有效修复。

7.9 农业废弃物资源化利用

7.9.1 农业废弃物种类与处理方法

7.9.1.1 农业废弃物种类

农业废弃物是指在农业生产过程中产生的各种废弃物，主要包括植物残体、动物粪便、农膜、农药包装物等。以下为农业废弃物的具体分类：

① 植物残体　主要包括农作物秸秆、蔬菜残叶、果皮等。

② 动物粪便　包括家畜、家禽的粪便以及屠宰场废弃物。

③ 农膜　主要包括地膜、棚膜等。

④ 农药包装物　包括农药瓶、农药袋等。

⑤ 其他　如农业机械维修废弃物、农业废弃物焚烧灰等。

7.9.1.2 农业废弃物处理方法

农业废弃物的处理方法主要包括以下几种：

① 堆肥化处理　将农业废弃物进行堆肥化处理，转化为有机肥料。

② 饲料化处理　将农业废弃物中的植物残体和动物粪便等转化为饲料。

③ 材料化处理　将农业废弃物中的农膜等材料进行回收和再利用。

④ 能源化处理　将农业废弃物中的有机质转化为生物质能源。

⑤ 无害化处理　对农业废弃物进行焚烧、填埋等无害化处理。

7.9.2 农业废弃物资源化利用技术

7.9.2.1 生物技术

生物技术主要包括微生物发酵技术、酶解技术等，可以将农业废弃物中的有机质转化为肥料、饲料、生物质能源等。

7.9.2.2 物理技术

物理技术主要包括破碎、筛分、干燥等，可以对农业废弃物进行预处理，提高其资源化利用效率。

7.9.2.3 化学技术

化学技术主要包括焚烧、热解、气化等，可以将农业废弃物转化为能源、材料等。

7.9.2.4 综合技术

综合技术是指将多种技术相结合，实现对农业废弃物的资源化利用。例如：将生物技术与物理技术相结合，将农业废弃物转化为有机肥料；将化学技术与物理技术相结合，将农业废弃物转化为生物质能源。

7.9.3 农业废弃物资源化利用案例分析

7.9.3.1 案例一：某地区农作物秸秆资源化利用

某地区针对农作物秸秆问题，采用生物技术和物理技术，将秸秆转化为有机肥料，实现了农业废弃物的资源化利用。具体措施如下：

① 采用微生物发酵技术，将秸秆转化为有机肥料；

② 采用筛分、干燥等物理技术，提高秸秆的利用效率；

③ 推广有机肥料在农业生产中的应用，提高土壤质量。

7.9.3.2 案例二：某地区动物粪便资源化利用

某地区针对动物粪便问题，采用生物技术和化学技术，将粪便转化为肥料和生物质能源。具体措施如下：

① 采用微生物发酵技术，将粪便转化为有机肥料；

② 采用焚烧、热解等化学技术，将粪便转化为生物质能源；

③ 推广有机肥料和生物质能源在农业生产中的应用，降低农业生产成本。

7.9.3.3 案例三：某地区农膜资源化利用

某地区针对农膜问题，采用物理技术和化学技术，将农膜进行回收和再利用。具体措施如下：

① 采用破碎、筛分等物理技术，将农膜进行预处理；

② 采用化学技术，将农膜转化为其他材料；

③ 推广农膜再利用产品在农业生产中的应用，减少环境污染。

7.10　智能化农业种植模式

7.10.1　智能化种植模式的设计与实施

7.10.1.1　设计原则

智能化种植模式的设计应遵循以下原则：

① 科学性　根据土壤特性、作物生长需求及气候条件等因素，科学规划种植模式。

② 可持续性　充分考虑资源利用、生态环境保护等因素，实现种植模式的可持续发展。

③ 高效性　通过智能化技术手段，提高种植效率，降低生产成本。

④ 安全性　保证种植过程中农产品质量安全和生态环境安全。

7.10.1.2　实施步骤

（1）土壤检测

利用智能化设备对土壤进行检测，获取土壤理化性质、肥力状况等信息。

（2）作物选择

根据土壤检测结果，选择适宜种植的作物。

（3）智能规划

运用大数据、云计算等技术，对种植模式进行智能规划。

（4）智能管理

通过物联网、人工智能等技术，实现对种植过程的实时监控和智能化管理。

（5）技术培训

对农民进行智能化种植技术培训，提高种植水平。

7.10.2　智能化种植模式在土壤修复中的应用

7.10.2.1　监测与评估

通过智能化设备对土壤修复效果进行监测与评估，为后续调整种植模式提供依据。

7.10.2.2　智能调控

根据土壤修复需求，调整种植结构和种植方式，实现土壤修复与农业生产相结合。

7.10.2.3　资源整合

整合农业、环保、科技等部门资源，形成合力，推进土壤修复工作。

7.10.3　智能化种植模式的效益分析

7.10.3.1　经济效益

智能化种植模式可以提高作物产量、降低生产成本，从而提高农业经济效益。具体表现在以下几个方面：

① 提高作物产量　通过智能化技术手段，实现作物生长的优化调控，提高作物产量。

② 降低生产成本　减少化肥、农药等投入，降低生产成本。

③ 提高农产品附加值　通过智能化技术，提高农产品质量，增加附加值。

7.10.3.2 社会效益

智能化种植模式有利于提高农民素质、促进农业现代化和乡村振兴。具体表现在：

① 提高农民素质　通过智能化种植技术培训，提高农民科技水平和文化素质。

② 促进农业现代化　智能化种植模式是农业现代化的重要组成部分，有助于推动农业现代化进程。

③ 乡村振兴　智能化种植模式有助于优化农业产业结构，推动乡村振兴。

7.10.3.3 生态效益

智能化种植模式有利于保护生态环境、促进农业可持续发展。具体表现在：

① 减少化肥、农药使用，降低环境污染，保护生态环境。

② 提高资源利用效率，实现资源优化配置，减少浪费。

③ 有助于实现农业可持续发展，保障国家粮食安全。

7.11 智能化土壤修复政策与法规

7.11.1 国内外土壤修复政策与法规概述

7.11.1.1 国际土壤修复政策与法规现状

在国际上，土壤修复政策与法规的发展较早，许多国家和地区已经建立了相对完善的制度体系。以美国、欧盟为例，美国通过《超级基金法》和《资源保护与回收法》等法规，对土壤污染的防治和修复进行了明确规定，欧盟则通过《土壤框架指令》等指令，对土壤修复的目标、原则和方法进行了规范。

7.11.1.2 国内土壤修复政策与法规现状

我国土壤修复政策与法规的发展相对较晚，但近年来已经取得了显著进展。2018 年，我国颁布了《中华人民共和国土壤污染防治法》，明确了土壤污染防治的目标、原则和责任主体。《土壤污染防治行动计划》等相关政策也纷纷出台，对土壤修复工作进行了具体部署。

7.11.2 智能化土壤修复政策与法规建议

7.11.2.1 建立智能化土壤修复技术标准体系

针对智能化土壤修复技术，建议制定相关技术标准，明确技术要求、检测方法和验收标准，以保证修复效果。同时，加强对智能化土壤修复技术的研发和推广，提高修复效率。

7.11.2.2 完善智能化土壤修复政策体系

在政策层面，建议制定专门针对智能化土壤修复的政策，明确政策目标、支持措施和优惠政策。同时将智能化土壤修复纳入土壤污染防治整体规划，实现政策协同。

7.11.2.3 加强智能化土壤修复法规建设

在法规层面，建议修订相关法律法规，将智能化土壤修复纳入法律范畴。同时加大对智能化土壤修复违法行为的处罚力度，保障法规的实施效果。

7.11.3 智能化土壤修复政策与法规实施策略

7.11.3.1 加强政策宣传和培训

为提高社会各界对智能化土壤修复的认识和重视，建议加大政策宣传力度，开展针对性培训，提高政策执行力和实施效果。

7.11.3.2 构建智能化土壤修复监管体系

建立健全智能化土壤修复监管机制，明确监管部门职责，加强对智能化土壤修复项目的监管，保证修复工程质量和安全。

7.11.3.3 引导社会资本参与智能化土壤修复

通过优惠政策、资金支持等手段，引导社会资本参与智能化土壤修复项目，推动土壤修复产业发展。

7.11.3.4 建立智能化土壤修复技术创新平台

整合科研资源，搭建智能化土壤修复技术创新平台，促进产学研一体化发展，为土壤修复提供技术支持。

7.11.4 智能化土壤污染修复政策法规的实践应用

在智能化土壤污染治理与修复政策法规的实践应用方面，以下几方面值得关注：

① 政策引导与激励。通过设立专项资金、税收优惠等政策，引导企业采用智能化技术进行土壤污染治理与修复。

② 技术研发与推广。支持智能化土壤污染治理与修复技术研发，推动成果转化，并在实际工程中推广应用。

③ 监管与评估。加强对智能化土壤污染治理与修复工程的监管，建立健全评估体系，保证工程质量和效果。

④ 人才培养与交流。加大人才培养力度，培养一批具备智能化土壤污染治理与修复技术的专业人才，同时加强国内外交流与合作。

7.11.5 智能化土壤污染修复政策法规的发展趋势

随着智能化技术的发展，智能化土壤污染治理与修复政策法规呈现出以下发展趋势：

① 政策法规体系逐步完善。为适应智能化技术发展，各国将不断修订和完善现有法规，推动土壤污染治理与修复工作的智能化发展。

② 政策引导与扶持力度加大。将加大对智能化土壤污染治理与修复技术的研发、推广和应用的支持力度，推动产业发展。

③ 跨部门协作加强。智能化土壤污染治理与修复涉及多个领域，需要环保、国土、农业、科技等部门加强协作，共同推进。

④ 国际合作与交流日益紧密。各国将加强在智能化土壤污染治理与修复领域的国际合作，共享技术成果，共同应对全球土壤污染问题。

7.12 智能化土壤污染治理与修复市场分析

7.12.1 智能化土壤污染治理与修复市场的现状

当前，我国智能化土壤污染治理与修复市场正处于快速发展阶段。国家对环境保护的重视以及相关政策的支持，使智能化技术在土壤污染治理与修复领域的应用逐渐广泛。目前市场上已涌现出一批具有核心竞争力的企业，这些企业通过技术创新，为我国土壤污染治理与修复提供了有力支持。

7.12.2 智能化土壤污染治理与修复市场的需求分析

7.12.2.1 政策推动市场需求

国家在土壤污染防治方面的政策力度不断加大，为智能化土壤污染治理与修复市场创造了良好的政策环境。根据相关规划，我国将加大土壤污染治理投入，推动土壤污染治理与修复产业发展。

7.12.2.2 市场需求持续增长

随着我国工业化和城市化的推进，土壤污染问题日益严重，治理需求不断上升。同时农业、环保等领域对智能化土壤污染治理与修复技术的需求也日益增长，为市场提供了广阔的发展空间。

7.12.2.3 技术创新驱动市场需求

随着智能化土壤污染治理与修复技术的不断创新，治理效果不断提升，治理成本逐渐降低，进一步激发了市场需求。例如，无人机、物联网、大数据等技术在土壤污染治理与修复领域的应用，为市场带来了新的增长点。

7.12.3 智能化土壤污染治理与修复市场的发展前景

7.12.3.1 市场规模持续扩大

随着我国土壤污染治理政策的深入实施，智能化土壤污染治理与修复市场将迎来快速发展期。预计未来几年，市场规模将持续扩大，为相关企业带来更多的市场机遇。

7.12.3.2 技术创新推动市场发展

智能化土壤污染治理与修复技术的不断创新，将为市场带来更多高效、环保的解决方案。同时，技术创新也有助于降低治理成本，提高市场竞争力，进一步推动市场发展。

7.12.3.3 市场竞争加剧

随着智能化土壤污染治理与修复市场的不断扩大，市场竞争将愈发激烈。企业需加强技术创新，提高产品质量，以满足不断变化的市场需求，从而在市场竞争中脱颖而出。

7.12.3.4 跨行业合作成为趋势

智能化土壤污染治理与修复市场的发展，将吸引更多跨行业企业参与其中。例如，与环保、农业、互联网等行业合作，将为市场带来更多创新和发展机遇。

7.13 智能化土壤修复发展趋势与展望

7.13.1 智能化土壤污染修复技术的发展趋势

随着我国经济的快速发展，土壤污染问题日益严重，传统的土壤污染治理与修复技术已经无法满足当前的需求。智能化土壤污染治理与修复技术应运而生，其发展趋势主要体现在以下几个方面：

① 技术创新 智能化土壤污染治理与修复技术将不断优化，运用先进的信息技术、物联网技术、大数据技术等，实现土壤污染的快速检测、精准治理和高效修复。

② 集成化 智能化土壤污染治理与修复技术将向集成化方向发展，实现多种技术的融合，提高治理与修复效果。

③ 绿色环保 智能化土壤污染治理与修复技术将更加注重绿色环保，采用环境友好型材料，降低治理与修复过程中的二次污染。

④ 智能化管理 智能化土壤污染治理与修复技术将实现全过程的智能化管理，提高治理与修复效率，降低成本。

7.13.2 智能化土壤污染修复行业的机遇与挑战

(1) 机遇

随着国家对生态环境保护的高度重视，智能化土壤污染治理与修复行业将迎来政策、市场和技术等多方面的机遇。

① 政策支持 国家政策对土壤污染治理与修复领域的投入和支持力度加大，为智能化土壤污染治理与修复行业提供了良好的政策环境。

② 市场需求 土壤污染问题日益严重，市场需求不断增长，智能化土壤污染治理与修复行业具有广阔的市场前景。

③ 技术进步 智能化技术的不断发展，为土壤污染治理与修复提供了新的解决方案。

(2) 挑战

① 技术研发 智能化土壤污染治理与修复技术尚处于起步阶段，技术研发投入较大，技术成熟度有待提高。

② 人才短缺 智能化土壤污染治理与修复行业对人才的需求较高，当前我国相关领域人才储备不足。

③ 资金投入 智能化土壤污染治理与修复项目投资较大，资金筹措和运营压力较大。

7.13.3 面向未来的智能化土壤污染治理与修复战略

(1) 加大技术研发投入，提高技术成熟度

企业应加大对智能化土壤污染治理与修复技术的研发投入，引进和培养高水平人才，提高技术成熟度。

(2) 优化政策环境，鼓励创新发展

应进一步完善政策体系，鼓励智能化土壤污染治理与修复行业的创新发展，为企业提

供政策支持和优惠措施。

（3）加强人才培养，提升行业竞争力

智能化土壤污染治理与修复行业应加强人才培养，提高行业整体素质，提升竞争力。

（4）拓展市场渠道，实现产业升级

企业应积极拓展市场渠道，加强与国内外同行业的合作与交流，实现产业升级。

7.13.4 智能化土壤修复在农业可持续发展中的作用与意义

智能化土壤修复在农业可持续发展中具有重要作用与意义：

① 提高土壤质量　智能化土壤修复技术能够有效改善土壤结构，提高土壤肥力，为农业生产提供良好的土壤环境。

② 保障粮食安全　通过智能化土壤修复，可降低土壤污染对农产品质量的影响，保证粮食安全。

③ 促进农业产业结构调整　智能化土壤修复技术有助于推动农业产业结构调整，促进农业绿色、可持续发展。

④ 提升农业现代化水平　智能化土壤修复技术的应用，有助于提升农业现代化水平，提高农业综合生产能力。

⑤ 保护生态环境　智能化土壤修复技术能够减轻土壤污染对生态环境的影响，促进生态文明建设。

智能化土壤修复技术在农业可持续发展中具有重要作用，有望为我国农业发展带来新的机遇。

参考文献

[1] 曹志洪，周健民．中国土壤质量［M］．北京：科学出版社，2008.

[2] 曾现来，张永涛，苏少林．固体废物处理处置与案例［M］．北京：中国环境科学出版社，2011.

[3] 陈怀满．环境土壤学［M］．2版．北京：科学出版社，2010.

[4] 陈卫．水资源循环经济配置与核算［M］．北京：化学工业出版社，2013.

[5] 陈英旭．环境学［M］．北京：中国环境科学出版社，2001.

[6] 成岳，刘媚，乔启成，等．环境科学概论［M］．上海：华东理工大学出版社，2012.

[7] 戴树桂．环境化学［M］．2版．北京：高等教育出版社，2006.

[8] 范洪鹏．土壤污染与防治［J］．北方环境，2013，29（3）：63-64.

[9] 范拴喜．土壤重金属污染与控制［M］．北京：中国环境科学出版社，2011.

[10] 房存金．土壤中主要重金属污染物的迁移转化及治理［J］．当代化工，2010，39（4）：458-460.

[11] 符裕红．不同岩性土体上土壤养分与广玉兰幼树生长关系的研究［D］．贵阳：贵州大学，2007.

[12] 高超．东祁连山不同退化程度高寒草甸草原土壤有机质特性及其对草地生产力的影响［D］．兰州：甘肃农业大学，2007.

[13] 耿增超，戴伟．土壤学［M］．北京：科学出版社，2011.

[14] 顾连军．铁岭农业区土壤中DDT残留模型研究及土壤修复［D］．阜新：辽宁工程技术大学，2008.

[15] 顾顺芳．保护性土壤耕作制度对土壤肥力及夏玉米产量的影响［D］．洛阳：河南科技大学，2012.

[16] 郭观林，周启星，李秀颖．重金属污染土壤原位化学固定修复研究进展［J］．应用生态学报，2005，16（10）：1990-1996.

[17] 韩宝平，王子波．环境科学基础［M］．北京：高等教育出版社，2013.

[18] 洪坚平．土壤污染与防治［M］．2版．北京：中国农业出版社，2005.

[19] 黄昌勇，徐建明．土壤学［M］．3版．北京：中国农业出版社，2010.

[20] 黄智伟．厦门市翔安区农田土壤和农作物的重金属化学行为及其影响因素的研究 [D]. 厦门：厦门大学，2007.

[21] 贾建丽，于妍，王晨．环境土壤学 [M]. 北京：化学工业出版社，2012.

[22] 姜伟．重庆主城降尘中六种金属及其化学形态研究 [D]. 重庆：西南大学，2008.

[23] 蒋建国．固体废物处置与资源化 [M]. 2 版．北京：化学工业出版社，2013.

[24] 降光宇．磷矿粉修复矿区复合重金属污染土壤的效应研究 [D]. 北京：中国地质大学（北京），2012.

[25] 金绍强．毒死蜱、联苯菊酯在土壤中的消解及对白蚁防治持效性研究 [D]. 杭州：浙江大学，2008.

[26] 李法云，曲向荣，吴龙华，等．污染土壤生物修复理论基础与技术 [M]. 北京：化学工业出版社，2006.

[27] 李佳华，林仁漳，王世和，等．改良剂对土壤-芦蒿系统中镉行为的影响 [J]. 环境化学，2009，28（3）：350-354.

[28] 林大仪，谢英荷．土壤学 [M]. 2 版．北京：中国林业出版社，2011.

[29] 林凯．严重汞污染土壤汞的淋溶特征及其淋洗修复研究：以贵州清镇地区重汞污染土壤为例 [D]. 贵阳：贵州大学，2009.

[30] 刘贝贝．重金属对水稻土中异化铁还原的影响 [D]. 咸阳：西北农林科技大学，2006.

[31] 刘晓艳，张新颖，程金平．土壤中石油类污染物的迁移与修复治理技术 [M]. 上海：上海交通大学出版社，2014.

[32] 楼飞永．矿渣、粉煤灰用于土壤聚合物固化重金属的技术研究 [D]. 杭州：浙江工业大学，2006.

[33] 陆欣，谢英荷．土壤肥料学 [M]. 2 版．北京：中国农业大学出版社，2011.

[34] 吕笑非．PAHs 污染土壤修复植物的筛选及其根际微生态特征研究 [D]. 杭州：浙江大学，2010.

[35] 齐亚超，张承东，王贺，等．黑碳对土壤和沉积物中菲的吸附解吸行为及生物可利用性的影响 [J]. 环境化学，2010，29（5）：848-855.

[36] 秦淑平．不同利用方式下黄泥土中腐殖物质的组成、结构特征及其对有机污染物的吸附行为 [D]. 南京：南京农业大学，2005.

[37] 苏勇功．兰州市蔬菜主要产地耕层土壤中重金属含量的调查 [D]. 兰州：甘肃农业大学，2005.

[38] 粟银．硫酸锰渣污染土壤中重金属研究 [D]. 长沙：湖南大学，2008.

[39] 孙红文，张彦峰，张闻．生物炭与环境 [M]. 北京：化学工业出版社，2013.

[40] 孙铁珩，李培军，周启星．土壤污染形成机理与修复技术 [M]. 北京：科学出版社，2005.

[41] 王红旗，刘新会，李国学．土壤环境学 [M]. 北京：高等教育出版社，2007.

[42] 王济．贵阳市表层土壤重金属污染元素环境地球化学基线研究 [D]. 北京：中国科学院，2004.

[43] 吴瑞娟，金卫根，邱峰芳．土壤重金属污染的生物修复 [J]. 安徽农业科学，2008，36（7）：2916-2918.

[44] 吴文铸．水溶性有机物对土壤中多环芳烃（菲）环境行为及植物吸收的影响 [D]. 南京：南京农业大学，2007.

[45] 吴香尧．耕地土壤污染与修复 [M]. 成都：西南财经大学出版社，2013.

[46] 武秀琦．西北黄土地区石油污染土壤生物修复影响因素研究 [D]. 西安：西安建筑科技大学，2007.

[47] 周东美，郝秀珍，薛艳，等．污染土壤的修复技术研究进展 [J]. 生态环境，2004，13（2）：234-242.

[48] 周敏，王安群．土壤的重金属污染危害及防治措施 [J]. 科技信息（学术版），2006（4）：120-121.

[49] 周启星，宋玉芳．污染土壤修复原理与方法 [M]. 北京：科学出版社，2004.

[50] 周尊隆，卢媛，孙红文．菲在不同性质黑炭上的吸附动力学和等温线研究 [J]. 农业环境科学学报，2010，29（3）：476-480.

[51] 朱渝芬．毛竹林水文生态功能及其土壤肥力变化研究 [D]. 南京：南京林业大学，2007.